JN255492

奇跡のワイン

弓田 亨

はじめに

フランスのワインはおいしい。そのおいしさを日本に届け、フランスでのおいしさそのままのワインを飲みたい。その一心で私は二十数年にわたり試行錯誤を繰り返し、世界のワイン史上初めて「酸素無透過袋」に入れて輸送し、保管・熟成を図るという考えにたどり着きました。『奇跡のワイン』（写真33ページ）の誕生です。この日本で夢見るようなおいしさのワインを飲むことができるようになったのです。

少なくない方が、フランスで飲むワインはあんなにおいしいのに、日本で飲むとどうしてこんなにまずくなるのだろう、と疑問をお持ちでしょう。私もそのひとりでした。

本文で明らかになっていくように、フランスから輸出されるワインは、低湿度の大陸性気候圏のフランスを出るや、それまで生息していなかった望ましくない働き、変質をもたらす微生物（すなわち腐敗菌）がコルクとビンの隙間から侵入し、ワインは腐敗を始めます。高温多湿な日本に着くや、生息する腐敗菌がさらに侵入し、ワインの腐敗はさらに進みます。私のこれまでの経験では、腐敗菌の侵入は日本のいかなる地域であろうと避けることはできません。

おいおい述べていきますが、２０１１年に多くの困難の後、ようやく「酸素無透過袋」による輸送にたどり着きました。ワインは生産地のカーヴと呼ばれる貯蔵庫で熟成されます。ビン詰めされたワインをカーヴ内で一本一本この袋に封入・密閉し、カーヴの空気も袋内に閉じ込めます。

「酸素無透過袋」は袋の内外の空気の流通を遮断し、ビン内に腐敗菌が侵入してワインが劣化することを防ぎます。

同時に、空気や湿度、酵母菌などの環境条件は、カーヴ内と同一に保たれますから、温度と振動にだけ注意を払えば、日本到着後もさらに望ましい熟成が続くことになります。

袋に封入されたワインは日本に到着してから3～6ヵ月ほどすると、１ヵ月以上の輸送の振動などによるダメージから回復し、フランスと同じ味わいが再現されていきます。それはこれまで日本では決して味わうことのできなかった、まさに別世界の夢見るような味わいの『奇跡のワイン』です。

この輸送ならびに貯蔵方法は、２０１３年に日本で、２０１５年にＥＵで特許を取得しました。まさに世界のワイン史上、初めての考えであると認められたのです。

「酸素無透過袋」はさまざまのことを容易にします。前述したように、袋内の湿度は一定に保たれるので、輸送と保管時には振動と温度にだけ気をつければよく、扱いはより容易になります。つまり、温度を一定に保つリーファー・コンテナで温度を13度ほどに保てばよく、ワイン専用のコンテナでも混載でもよく、倉庫も温度管理のみきちんとされていれば、さまざまな荷物を保管する一般の倉庫でよいのです。これはワインの輸送、保管にとって画期的な出来事です。「酸素無透過袋」を使った、この一連の考え方・方法を、私は〝弓田メソッド〟と名付けました。

私はソムリエではありませんから、ワインについての専門的な知識は持っていません。ただただおいしいワインを日本で飲みたいという執念、そして自他ともに認める誰も真似できない孤高のおいしさのフランス菓子を生みだしてきた鋭敏な感覚、それだけがフランスでのおいしさそのままのワインを追い求める武器であり支えでした。そして二十年以上の長い時間の後『奇跡のワイン』が現実となったのです。

本文では、私がたどってきたこれまでの間抜けな苦闘の足跡と、『奇跡のワイン』の夢見るおいしさを詳しく述べていきます。

2018年2月　弓田 亨

SANCERRE
サンセール
VIN BLANC　ソーヴィニヨン・ブラン
2015
（198ページ参照）

ソーヴィニヨン・ブランは語りかける　青葉千佳子

豊かに実ったブドウを摘み取り
その粒を皮ごと口の中いっぱいに頬張る時の旬の香り
新鮮なブドウの実の中に覆われているかのような瑞々しさに包まれる
風が頬を撫でる　少しほろ苦いような　畑の土　？…
潮風のようでもあり　男の胸から昇華する汗の芳香にも似て…
官能をはらむ自然の香りに誘惑される……
舌の上をすべるように通った後　舌全体がなめらかさで包み込まれる　滑りが残る
………

……男性をも魅了させることでしょう
少年から青年　青年から円熟した男性へと――
男に似合うワインだ！「粋な男の人」

心の鍵がゆるんで　扉が開き　ロマンの世界へと向かう……
恋に落ちる　再び　恋をする

香りは　更に高まり　甘酸っぱく心を覆う

体を通り抜ける潮騒　波頭の輝き　椰子の木陰　鳥たちの求愛のさえずり
パッションフルーツ　パイナップル　キウイ　ライチ…南国の爽やかでいて甘い切なさ
溢れる陽光の中で　心地よい島風に身を委ねて　フルーティ・パラダイスを楽しみましょう♪

楽しみましょう！　人生を大切な人と。

目次

序章

フレンチワインと
正面から向き合うまでの道のり

――初のフランス研修から
イル・プルー・シュル・ラ・セーヌ開店まで――

1　パティスリー・ミエの昼食でワインに出会う

1978年、31歳でフランス菓子の勉強のためにパリに行くまでは、ワインとはまったく縁がありませんでした。私が10ヵ月間研修した日本人パティシエの憧れであったパティスリー・ミエの小さなサラマンジェ（食堂）には、いつもバスケットに6本のワインが置かれていました。

当時は昼食にもワインが出されていたのです。1本3フラン程（当時1フランスフランは50円前後でした）の安いワインでしたが、ただで、しかも飲み放題でした。昼間からアルコールが飲めることがうれしくて、天にも昇ったような気分でした。毎日40〜50分のうちにあっという間に1本は飲み干していました。でもそんなに酔うということもなく、ちょっと高揚した気分になり仕事がはかどったものです。当時は、ワインの味わいというものを強く意識することもありませんでした。

でも、毎日あれだけガブ飲みしていたわけですから、おいしいと思って飲んでいたことは間違いないでしょう。とにかく、悪酔いしたという記憶が一度もないのです。もしも、今の日本で売られているワインのように、二日酔いなどを引き起こし、おいしいとは言えないものであったら、グラスに1、2杯がせいぜいだったでしょう。

この時の研修では、日本人の味覚と価値観の領域とはまったく異なるところにあるフランス菓子の味わいの世界を、私はほぼ理解できず、精神的にかなり落ち込んでいました。半分以上のお菓子がおいしいとは思えませんでした。全然おいしさが理解できないのです。「なんでフランス人はこんなわけのわからんものを食べるんだ」と腹立たしさを感じることもありました。

2　帰国後に待ち受けていた日本とフランスの素材の違いによるフランス菓子づくりの困難

研修を終え日本に帰り、お菓子づくりにとりかかると、さらに困難が待ち構えていました。フランスと日本の製菓材料のあまりの違いから、フランス菓子の味わいをつくりだす試みは思うにまかせませんでした。悩みと苛立ちから精神的に疲れ、ビールと日本酒を浴びるように飲むのが習慣になってしまい、いつも二日酔いの状態でした。この当時は、ワインを飲む機会も、飲もうという気持もまったくなく、アルコールなら何でもよく、酔って仕事の行きづまりから逃避したいという一心でした。

それでも帰国後2、3年で私のつくるフランス菓子は少し形をなしてきて、評判をとり始めました。しかし、次第に自分のつくるフランス菓子に疑問を感じるようになりました。

3　フランス菓子づくりを再確認するための2度目の渡仏

もう一度自分のフランス菓子づくりを確認しようと、5年後の1983年に再びパティスリー・ミエを訪れました。今度は半年間の研修です。しかし、1回目の経験がかなり消化吸収されていたこともあってか、この間に少しずつですが、ようやくフランス的味わいというものが理解できるようになっていきました。

フランス的味わいとは、いくつもの香り、食感、味わいが重なり合い、多様性と多重性を持ちながら、混沌として共鳴し合うものであることがわかってきたのです。これに対して日本的味わいは、香り、食感、味わいが単一で、膨らみを持たず、希薄な味わいです。ようやく両者の差が理解できるようになり、フランス菓子づくりが天職だと思えるようになってきました。

ところで、再度パティスリー・ミエに来てみると、昼飯時のワインがなくなっていたのです。若者のアルコールの大量摂取が問題となっていたことが一つの理由でしょうし、フランスでは1981年にミッテラン左派政権が成立し、残業時間とその賃金の支払いが厳しくなっていました。フランス菓子づくりはとても手間と時間のかかる作業ですから、ワインを飲みながら菓子づくりするなどはもってのほかということになり、完全な手づくりの領域でも生産性が重視される困難な時代になっていたのです。

ワインが置かれてなかったことに寂しさを感じて、ちょっと気落ちしたことを覚えています。そうしたわけで、２回目のフランス研修で一番飲んだのはお金がなかったこともあり、最も安かった１ℓ２フラン（１００円ほど）の二番搾りのビールでした。ワインの味わいに関心が向くのはまだ先の話です。

4　東京・代々木にフランス菓子店を出す

半年の研修の後に帰国し、２年後の１９８６年、39歳の時に東京の代々木にラ・パティスリー　イル・プルー・シュル・ラ・セーヌ（La pâtisserie IL PLEUT SUR LA SEINE）というフランス菓子店を出しました。初めて持った小さな店です。イル・プルー・シュル・ラ・セーヌとはフランス語でセーヌ川に雨が降るという意味です。フランス研修でのさまざまな思いを少しでも鮮烈に心に残しておきたいという願いを込めた名前でした。開店から2、３年はお菓子づくりが生活のすべてで、ほかに何かをするという余裕はまったくなく、日々の仕事に専念しました。３年を過ぎた頃から、私が目指すフランス的な味わいが評判とともに広がり始め、売上げも伸びてきて従業員を雇う余裕も生まれてきました。

私がつくるお菓子は、それまでの日本にはなかった、衝撃を与えるおいしさでした。日本人の味わいの習慣は香り、食感、味を抑制し、角のない平坦な味わいをつくろうとしています。私のフランス的な味わいは、この3つの要素をできるかぎり強め、それぞれがお互いに高め合う混沌とした共鳴する味わいをつくり上げることでした。それまで誰もつくったことも食べたこともない別世界のおいしさが、多くの方に感動を与えたのです。何より、実に多くのパティシエ（菓子職人）の方々がお菓子を食べにやってきました。多い時はお客様の半数がパティシエというほどでした。

でも、味を保ち続けるということはとても難しいことです。少しでも慢心していると、味わいはすぐに崩れてしまいます。余裕の出てきた43歳の頃から、自分のパティシエとしての感覚を刺激するために、少なくとも1年に1回はお菓子の勉強のためにフランスを訪れるようにしました。フランスでは、あちこち名の通ったレストランにも行き、それなりのワインを飲むようになりました。こうしてワインを飲む機会も増え、ワインの味わいにも少しずつですが、意識が向かうようになりました。

I

column

イル・プルー・シュル・ラ・セーヌのお菓子の味わいを可能にしたもの

イル・プルー・シュル・ラ・セーヌ（写真33ページ）は、今でも店の前の通りに「ここが日本一おいしい菓子店」という看板を出しています。これは、店がある限りほかでは味わえないフランス菓子をお客様にお出しするという決意と妥協のないお菓子づくりを目指すという自らの戒めのためです。

また、この考えと孤高の味わいのための技術を可能にしたのは、実はパティスリーに併設されたフランス菓子・料理教室です（写真34ページ）。

私たちはお菓子づくりがまったく初めての多くの生徒さんにもおいしいお菓子づくりができるように、生徒さんとの20年以上の実践のなかで技術を可能な限りシンプルにしてきました。そして、お菓子づくりが初めてでも1ヵ月ほどで店に並ぶお菓子と同じおいしさをつくることを可能にしました。

多くの生徒さんは本科の教室での1～2年間は驚きのおいしさと感動の連続であり、よもや自分の手でこんなにおいしいお菓子がつくれるとは思わなかったと感謝の言葉を残されます。

生徒さんとの実践のなかで、考え方・技術をよりシンプルにすることによって、私たちパティシエのお菓子づくりも進歩し、今の味わいを築き上げることができたのです。もし教室がなかったなら私もこの味わいの高みに到達できなかったと思います。

5 お菓子とともにワインの薫陶も受けた畏友ドゥニ・リュッフェル

私がお菓子の研修を受けた、パティスリー・ミエのシェフ、ドゥニ・リュッフェルは、お菓子と料理の領域において、正統な伝統のなかで生きてきた、最後のパティシエ（菓子職人）にしてキュイズィニエ（料理人）の巨人であると、私は確信します。

ドゥニさんは、私の半生にわたってフランス菓子への思いを鼓舞し続けてくれている人です。彼は、お菓子とともに料理にも並外れた才能を持ち、元大統領のニコラ・サルコジ氏をはじめ多くの人々に感動を与える料理をつくっています。

彼はキュイズィンヌ・クラシックのつくり手として、自らに誇りを持っています。クラシックとは古典あるいは昔あったものという意味ではありません。昔からあり、今も広く受け入れられているという意味であり、長い年月のなかで先人がつくりあげてきた土地の産物を基礎にして、その土地の人々の心と体をつちかってきた料理を意味します。

当然、ワインにも強い愛着を持ち、知識に加え並外れた感覚も持っています。パリを訪れると、必ず1度は彼の好きなレストランへ連れていってもらい、味わい豊かな伝統的な料理を選んでくれます。そして、それに合った素晴らしいワインを選んでくれます。彼はさまざまな料理やワインについて熱く語り、私は彼の瞳を見つめながら一心に聞き入ったものです。

間違いなく、私はドゥニ・リュッフェルによって、お菓子や料理だけでなく、ワインが持つ奥深く感覚を揺さぶる世界に少しずつ引き込まれていったのです。

ドゥニさんは私が経営するイル・プルー・シュル・ラ・セーヌの招きで、32年前から毎年、日本でフランス菓子と料理の講習会を開き、そのさまざまな味わいは私たちに感動を与えてくれています（写真34ページ）。

日本でのフランス料理講習会でつくられた料理をまとめた『ドゥニ・リュッフェル・フランス料理　感動の味わい』（全2巻）の1はグルマン世界料理本大賞2016フランス料理部門でグランプリとなりました（写真34ページ）。

第 1 章

お菓子の素材を求める旅での
フランス各地のワインとの出会い

1　劣悪な輸入製菓材料の品質を見抜けないパティシエたち

多くのフランス産の製菓材料が、日本に輸入されています。しかし、輸入製菓材料は手抜きの低品質のものが氾濫しているのです。数え切れないほどのパティシエがフランスへ勉強に行っているにもかかわらず、フランス菓子への確固とした技術・感覚を持っている人は多くはありません。素材の品質が低下していることを見抜ける人は、とても少ないのです。日本で手にするフランスからの製菓材料は、フランスで使われているものとはまったく別物であることに、多くのパティシエは気づいていません。困ったことにフランス人やイタリア人はとんでもなくこすっからくて、「こいつら味なんかわかっちゃいない」と足元を見るや否や、どんどん品質を下げて劣悪な材料を送りつけてくるのです。東洋人をバカにする手合いが、この国には少なからずいるのです。すべてのパティシエがお菓子への熱情を持って渡仏するのではなく、少なくない人たちはただフランス帰りという、人をひざまずかせるための「ハク」をつけることを目的にしています。

でも、こうした劣悪な素材を使っていても、前述したように開店から1年ほどでイル・プルー・シュル・ラ・セーヌのお菓子は、孤高のおいしさであるという確かな評判を得ていきました。しかし3、4年もすると、私は心に疲れを感じてきました。

お菓子は本来、楽しいおいしさでなければなりません。しかし、劣悪な素材でお菓子をつくると、考え方や技術、レシピなどが複雑になりすぎ、楽しさのない、食べる人に緊張感を強いるおいしさになってしまいます。私はこうした状況でフランス菓子をつくることに、次第に空しさと疑問を感じるようになりました。

材料問屋や輸入業者にこうした劣悪な輸入素材について執拗に話しても、彼らはただ困惑するだけで、いっこうに品質は改善されません。こうした膠着状態のなかで、イノシシと鉄砲玉を合わせたような私の性格から、無謀にもお菓子の材料を自分で探そうという決断をしてしまったのです。すべてにわたり未知の輸入業務、多くの大きな困難に遭遇するだろうと、限りない不安を感じながらも、何か大きな力に突き動かされて一歩を踏みだしてしまいました。

2　フランスやスペインに赴き秀逸な素材探しを始める（1994年）

私たちフランス菓子をつくるパティシエは、多種かつ多量のフランス産やスペイン産の製菓材料を使います。アルコール類、アーモンド、ヘーゼルナッツ、チョコレートやアンズ、プルーン、イチジクなどのドライフルーツ類その他です。アーモンド、ドライフルーツなどはアメリカ産もありますが、アメリカ産では味わいが薄く平坦で、フランス的な味わいが成り立ちません。

まず手始めに探したのはアルコール度数40度ほどのフルーツ・ブランディ（オ・ドゥ・ヴィ）やリキュールです。フルーツ・ブランディは主に香りを豊かにするために加えます。リキュールは主としてお菓子の中心となる素材であるラズベリーなどの製菓材料に、豊かで深い膨らみのある味わいを添える時に使われます。どちらかだけ、あるいは2つともに加えたりすることもあります。その品質の良し悪しはお菓子のでき具合に大きく影響します。現在のところ、イル・プルー・シュル・ラ・セーヌ以外の商社などで輸入しているフルーツ・ブランディやリキュールは味わいに乏しく、むしろお菓子の味わいを奪うものばかりです。

3　神の助けがなければつくりえないと思えるほどのルゴルさんのフルーツ・ブランディ

フランスのアルザス地方は洋梨やプルーン、ミラベル（西洋スモモ）、ラズベリーその他のフルーツの産地です。これらを使って素晴らしいフルーツ・ブランディがつくられています。そのなかで毎年のように品評会で金、銀のメダルを受賞しているのは、アルザスのシャトノアに醸造所を持つルゴルさんです（写真35ページ）。そこを、ドゥニさんの紹介で訪ねました。ルゴルさんのつくる種類豊富なフルーツ・ブランディは、それまでまったく経験したことのない、神様の助けがなければつくりえないと思われるほどの豊かな香りを持った味わいでした。これならお菓子の味わいを引き立たせてくれるに違いありません。

そしてアルザスでは、フルーツ・ブランディとともに、流れるような慈愛に満ちた清冽な白ワインに出会ったのです。まさしく五感が覚醒するおいしさでした。土地が生んだ個性的な味わいに圧倒されました。秀逸な素材を探しての初めての旅、そして初めての生産者との出会い、不安と長い緊張の後のアルザス・ストゥラスブール大聖堂の近くのレストランでの夕食、心の疲れを癒す清々しいワインのおいしさを生涯忘れることはないでしょう。

4　夢見るようなおいしさのジョアネさんのリキュール

次いで赴いたのはブルゴーニュのワインの産地オートゥ・コートゥ・ドゥ・ニュイのアルスナンでカシスやフランボワーズなどを栽培し、素晴らしくおいしいリキュールをつくっているジョアネさんです（写真35ページ）。

初めての訪問で、ジョアネさんのカシスとフランボワーズの畑を見学してから、住まいにしつらえられた小さな事務所を訪れました。まず私の目を惹いたのは、シューズボックスのような数段からなる陳列棚でした。そこには30センチもある大きなものから2、3センチの

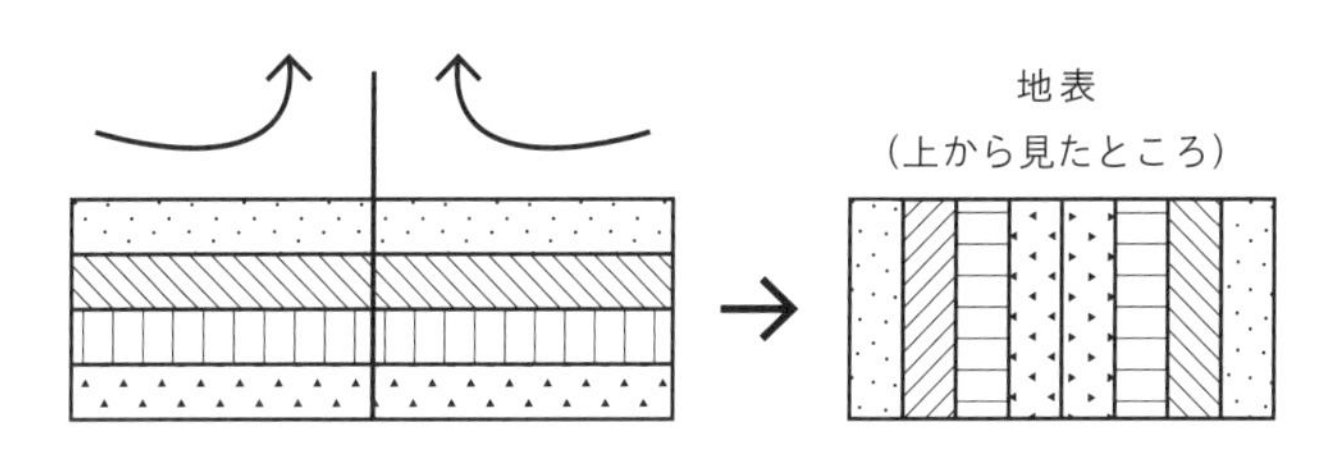

異なる年代の地層が現れているブルゴーニュの地表

小さなものまで、アンモナイトの化石が所狭しと並べられていたのです。

　ジョアネさんは言いました。「うちの畑には化石がゴロゴロしているんだ。その化石がフランボワーズやカシスに、ほかの土地にはない香り高く深い味わいを与えているんだ」。当時の私がジョアネさんが言ったことをほとんど理解していなかったことを、ジョアネさんのリキュールを知るにつれ痛感しました。ブルゴーニュのコート・ドール県は雨が少なく、地中のミネラルが流されることなく温存されています。たまに降る雨は畑の化石を溶かし、豊富なミネラルを補給しているのです（写真36ページ）。

　また、ブルゴーニュ地方は地殻変動で、それほど厚くない地層が縦に盛り上がったために、今も50メートルほど歩くと、次々に異なる年代の地層が顔を出しています（図）。隣り合った畑でも地層の違いによって含まれるミネラルの種類がまったく異なり、それぞれ特徴ある味わいのブドウとワインがつくられているのです。

ジョアネさんは、カシス、フランボワーズ、フレーズ（イチゴ）、その他10種類ほどのリキュールを試飲させてくれました。それぞれ口に含めば、出るのは「う〜ん」「すごい」「とんでもなく旨い」という感動のうなり声と言葉ばかりでした。人間の手だけでなく、神様の助けによってできたとしか思えない、それまで想像もできなかった味わいに初めて触れた瞬間です。

ジョアネさんのリキュールに共通しているのは、ブルゴーニュのワインと同じように、とても柔らかくて優しくて、深く長い余韻があることでした。人間の根源に迫ってくるような、とても人懐こい味わいです。日本に輸入されているリキュールは日本向けに色素、香料を加えた手抜きのものがほとんどです。ジョアネさんのものとは天と地ほどの違いがあります。こんなに力と深さを持ったリキュールを加えれば、カシスやフランボワーズのお菓子はたちどころに深い印象を持った味わいになるに違いありません。無謀な製菓材料探しの旅への深い不安が、少し薄らいだように思えました。

〈1〉白ワインで割ったキール、マルキ

カシスリキュールを冷たい辛口の白ワインで割ったキールはモネの睡蓮の絵のように、人

の心の裏側をのぞき込むような底知れない深い味わいを持っています。フランボワーズリキュールを白ワインで割ったマルキも最高の驚きでした。清冽さに満ち、深いもの思いにふける乙女の清楚なイメージを、私に与えました。ジョアネさんのリキュールと白ワインがつくりだす、キールとマルキは正に感動的な味わいでした（写真36ページ）。

マダム・ジョアネは言いました。「このリキュールにはブルゴーニュの辛口の白ワインやクレマンでなきゃだめなのよ」。つまり、優しくたゆたう波のような味わいのリキュールには優しい味わいのブルゴーニュの白ワインでないと、その味わいを壊し、ボン・マリアージュ（素敵な組合せ）にはならないと説明してくれました。そして人の心と体の全体を包み込む、日本にはないフランスの本源的な土の恵みを感じながら、「いつの日か、このキールとマルキを日本で飲みたい」と強く思いました。

2

column

リキュールのつくり方

リキュールは食前酒（アペリティフ）としての甘い酒です。おいしいリキュールは、ミネラルを豊かに含んで味わいが濃くておいしいフルーツを用いることでつくられます。つくりたてが一番おいしく、新鮮で香り高い味わいがあります。ブルゴーニュのフルーツは力に満ち、深く優しい味わいがあります。

リキュールにはさまざまなつくり方があります。その方法のひとつが浸漬法と呼ばれるものです。フルーツを90％のアルコールに2〜3ヵ月漬けます。漬ける期間はフルーツによって異なります。充分にフルーツの味わいがアルコールに出てきたところで、フルーツの果肉、繊維を濾（こ）します。これに砂糖を加えます。砂糖の量はフルーツによって異なります。そしてビンに詰めます。

保存は冷蔵です。そのほうが新鮮な味わいが長く持続します。

リキュールは食前酒としてそのままで、あるいは白ワインやクレマン（発泡ワイン）で割って飲まれます。

『奇跡のワイン』
(p.1)

弓田 亨

感動の味わいをつくり続ける
代官山のラ・パティスリー　イル・プルー・シュル・ラ・セーヌ
(p.21)

パティスリーの向かいにある
イル・プルー・シュル・ラ・セーヌの
「嘘と迷信のないフランス菓子・料理教室」
(p.21)

ドゥニ・リュッフェル著
『感動の味わい』1・2
(本文後ろの222～223ページでも
イル・プルーが出版している書籍の一部を
紹介しています)

ドゥニ·リュッフェルさんの
日本でのフランス菓子・料理技術講習会
(p.23)

フランス・アルザスのルゴル社の
フルーツ・ブランディの蒸溜槽
(p.27)

私を驚かせた
ジョアネさんのリキュール
(p.30)

ホラ、化石が今でもゴロゴロしています。

ジョアネさんの果実畑
(p.29)

神様の手助けがなければ
不可能と私に思わせた
キールとマルキ
(p.30)

無菌ワインセラー
(p.98)

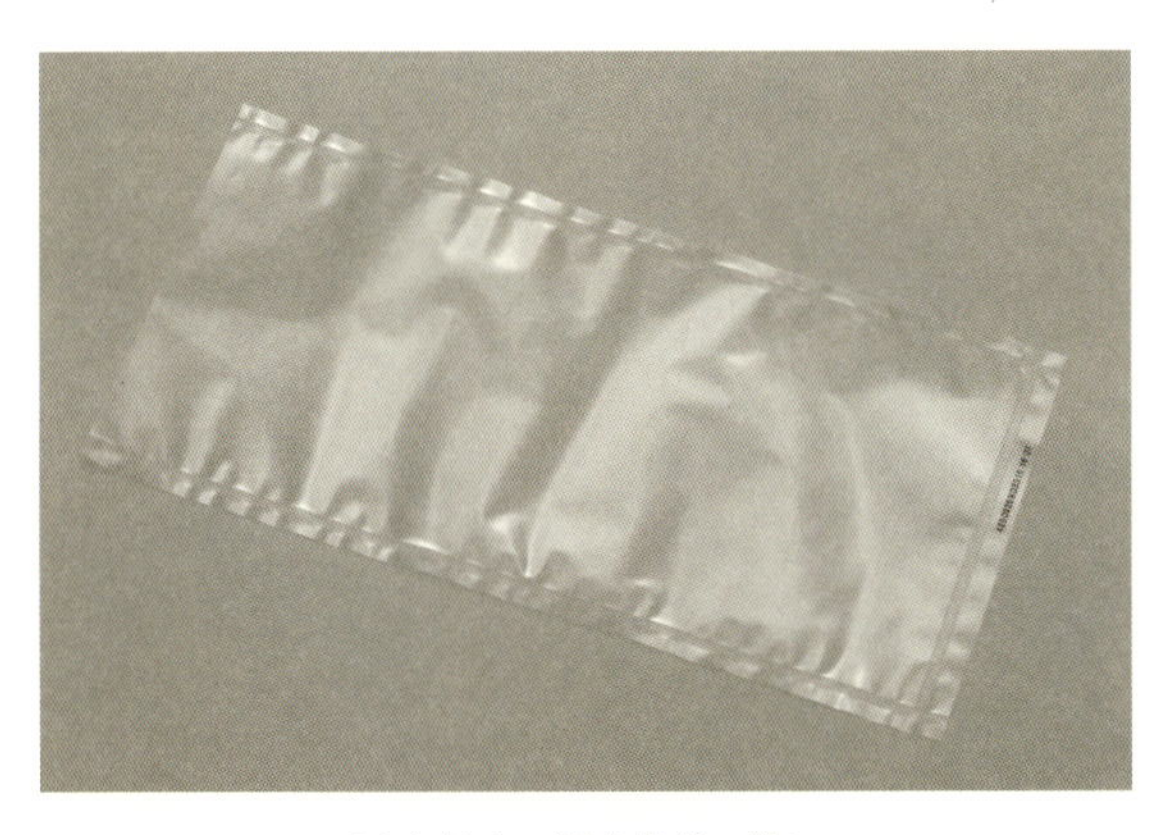

20年以上の紆余曲折の後に
初めて誕生した
「酸素無透過袋」
(p.116)

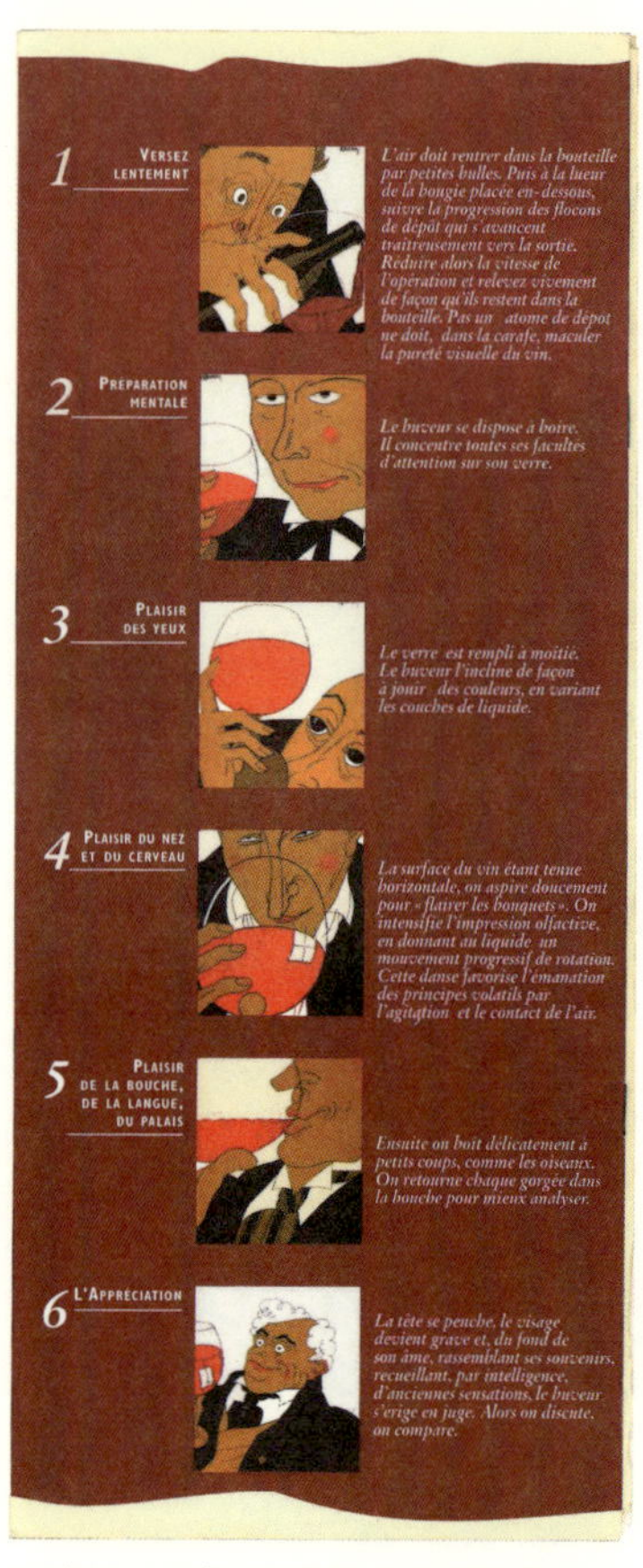

1. グラスを伝わらせてワインを注ぎ

2.3. 上から、下から
グラスの色を楽しみます。

4. 香りを楽しみ

5. 香り味を楽しみながら口に流します。

6. 全体の味わいを楽しみます。

レクリューズのワインリストのイラスト
(p.147)

(L'Ecluse より許可を得て掲載)

Bar à Vin L'Ecluse

Ecluse Madeleine
15 place de la Madeleine
75008 Paris

Ecluse Saint Honoré
34 place du Marché Saint Honoré
75001 Paris

ワインを「酸素無透過袋」に封入している
憧れと夢のキャピタン・ガニュロのカーヴで
ピエール・フランソワと弓田
(p.166)

心地良いワインと酵母菌の匂いに満ちた
キャピタン・ガニュロのカーヴ
(p.166)

さまざまの花や果実の香りが立ちのぼる
『奇跡のワイン』のイメージ

ワインの色、香り、味わいが
最も印象深く感じられる産地ごとのワイングラス
(p.169)

ブルゴーニュワイン用

ボルドーワイン用

アルザスワイン用

写真協力：リーデル・ジャパン
＜ヴィノム シリーズ＞　ピノ・ノワール（ブルゴーニュ）、
カベルネ・ソーヴィニヨン / メルロ（ボルドー）

第 2 章

日本に持ち帰ったワインの変質に気づき始める

1　フランスと日本で飲むワインの違いを意識する

フランスなどで製菓材料探しを始めるようになった頃から、フランスでワインを買い、機内に持ち込んで帰国するようになりました。当時、ワインは手荷物で機内に持ち込めたので、貨物室のマイナスの冷気にさらされることもなく、それほど大きなダメージを受けることはなかったように思えました。フランスで飲むワインと日本で飲むワインの味わいの違いにどこか引っかかりを感じていたものの、まだそれほどはっきりと自覚したわけではありませんでした。当時はまあこんなものかと何気なく飲んでいたのです。フランスで飲むワインはそれぞれに特徴があって本当においしい。でもそのおいしさを微細に分析して、記憶にとどめる能力は、当時の私にはほとんどなかったのです。この頃になると、日本で飲むものは日本酒やビールでなく、フレンチワインがほとんどになりました。だんだんとその頻度が高くなり、それが毎晩のようになりました。

そのうち、フランスと日本で飲むワインの味わいにかなりの違いがあることを、徐々に感じるようになりました。次第にその味が鈍重で楽しさがなく、舌を押し戻し喉につかえるような不自然さを感じさせるものであることに気づき始めました。どうして色、香り、味わいが、フランスで飲むワインとこんなに違うのだろうという思いが芽生え、次第に強くなっていったのです。そして、翌朝、不快感や頭痛、鈍重な感覚に包まれることを感じ始めました。ビールや日本酒の飲みすぎによる不快感とはだいぶ違っていました。

私は旅行で訪問先にいても、朝6時に起きて1時間ほど早足で散歩することを日課としています。フランスでは度を過ごしたかなと思うほどワインを飲んでも、翌朝の足取りは快調で、足がひとりでにどんどんと力強く前に出ていき、二日酔いの感覚に襲われたことは一度もありませんでした。一番多く飲んだのは4時間ほどで3本以上でした。ところが、日本では3〜4杯しか飲まなくても翌朝に不快感に包まれるのです。

2　フランスで飲んだワインと同じ銘柄のワインを日本に持ち帰って比較

フランスからの帰国の際に、現地で飲んだワインと同じ銘柄のワインを1種類計4本買い、タオルにくるんでトランクに入れ、手荷物で日本に持ち帰ることにしました。これならフランスで飲んだ新鮮な印象が残るうちに日本で飲んで、比較することができます。

帰国後、3〜4日以内に意識を集中させて、まず1本目のワインを飲みます。すると、本当に同じワインなのかと考えてしまうほどの、はっきりした違いを感じました。どうもわからない。色、香り、味わいがくすんでいるのです。フランスで飲んだような、キラキラして生きているような輝きのある味わいとはかなり異なります。

1ヵ月後に2本目を飲みます。ワインの味わいの顔立ちが少し出てきたようです。でも不自然なさまざまな不快な味が、その顔立ちを隠しているようにも感じられます。フランスと同じ味わいは得られないにしろ、何とか飲める、まあいいかと思いながら飲んでしまいます。帰国した時には残っていたフランスで飲んだワインのはっきりとした感覚はもうすでにかなり薄れています。

1ヵ月半後に3本目のワインを飲んでみます。ワインの味わいのしっかりした太いボディーは出てきましたが、色、香り、味わいに濁りが出てきました。フランスでは感じなかっただらしのない甘みが出ています。1ヵ月後に飲んだ2本目のワインのほうがましでした。

3ヵ月後に4本目を開けます。濁りはさらに増しています。かなりの不快さを感じる味でした。やはり1ヵ月後の2本目のワインが一番ましだった、というのがその時の印象でした。長い船旅ではなく飛行機での短期間の移動なのに、確かに4本のワインすべての味わいが違う、変化していると感じました。

自分で持ち帰ったワインもさらに時が経つにつれて日本で輸入販売されているワインの味わいに近づいていくように思えました。

3 遅きに失したがワインの勉強を始める ――フランスでも二酸化イオウを加えなければ、ワインは容易に腐敗することを知る

このように何度もフランスと日本で同じ銘柄のワインを飲み比べているうちに、ワインにはまったくの素人で微妙な味わいの違いはわからずとも、否定できない明らかな違いがあることをはっきりと認識し、日本でフランスのおいしさを味わえないことに大きな疑問を感じるようになりました。同時に、きっと解決法はあるはずだと、かなり安易に考えてしまったのです。

恥ずかしい限りですが、やっとこの頃から、もっと詳しくワインを知らなくてはと思うようになりました。そして何冊かのワインに関する本を読み始めました。どう考えても遅すぎた勉強の開始です。そして二酸化イオウの存在を知りました。

二酸化イオウはワインを腐敗させる微生物を殺し、ワインを発酵、熟成させる酵母菌の過発酵を抑えます。二酸化イオウを用いることで、ワインを腐敗させることなく熟成させる技術が向上し、それまで不可能であった大量生産と工業化が可能になったといわれます。秀逸なワインをつくっているドメンヌやシャトーと呼ばれる生産者のほとんどは、今でも二酸化イオウで樽の内側を燻蒸して殺菌します。これに発酵を終えたワインを流し込み、カーヴと

呼ばれる貯蔵庫で寝かせて熟成させます。樽の内側に付着した二酸化イオウはワインに溶け込んで亜硫酸塩となり、腐敗菌を殺し増殖を抑えます。ここから先はワインのなかの酵母菌とカーヴ内に生息するいわゆる「家つき酵母」の共同作業が始まり、ワインをさらに良い状態に熟成、変化させていくということをおぼろげながら知りました。

4 亜硫酸塩の少ないワインを輸入すればおいしいワインが飲めるという誤解

ワインが微生物によって腐敗するということを本で知ったとはいっても、それはまったく実感のないものであり、頭の片隅に入っただけのことで、その知識は正しい判断の糧となるものではありませんでした。

浅はかにも日本とフランスで飲むワインの味わいの違いは添加されている亜硫酸塩の量が異なるのではないかと思い込んでしまいました。

これまでの限られた経験でも、冷静に論理的に考えれば、同じ銘柄のワインをフランスから持ってくると不快な味わいに変質するのですから、日本でまずくなるのは亜硫酸塩が原因でないことは、極めて明らかです。しかし、付け焼き刃の知識しか持たずワインに無知な私は、あろうことかフランスで飲んでおいしかったワインは当然に亜硫酸塩が少なく、日本向けのワインには亜硫酸塩がより多く加えられているはずだ、と勝手に思い込んでいました。亜硫酸塩の少ないワインを見つけ、あとは温度をコントロールできるリーファー・コンテナで、ワインを13度で輸送すれば、輸出地のフランスと変わらない良い状態で日本に着くはずだ、と短絡的に考えてしまったのです。ここから自業自得といえば正にその通りの、自らの浅はかさゆえの過酷な経験をもたらす私の迷走が始まります。

この時点で、ワインは微生物によって腐敗するということを実感して理解していれば、後に開発する「酸素無透過袋」による輸送に10年ほど早く到達できていたかもしれません。今でもとても悔やまれます。

5　亜硫酸塩の少ないワインを求めドメンヌを訪ねる

日本でおいしいフランスのワインを飲みたい、という渇いた喉が潤いを求めるような思いが募ってきました。前述のように日本に輸入されるワインには亜硫酸が多く添加されていると思い込んでしまった私は、ブルゴーニュワインの審査委員もしている先ほどのジョアネさんに、ブルゴーニュで二酸化イオウの使用量が最も少ない生産者の紹介をお願いしました。

ジョアネさんがまず連れていってくれたのは、コート・ドール県のキャピタン・ガニュロのカーヴでした。今はすでに息子のピエールさんがワインづくりを引き継いでいますが、当時、当主だったパトゥリスさんが迎えてくれて、ドメンヌの説明とワインの試飲をさせてくれました。

ワインをひと口含んだ時、喉を通る小さな「キュン」という音とともに五感が目を覚ましたことを覚えています。女性的な幾重ものたゆたうような香りに満ちた、優しく深い味わいが私を包み込み、心を熱く揺らしました。

2番目に訪ねたムルソー村のギィ・ボカールさんがつくっているのは、それまでフランスでも味わったことのないワインでした。現在はステンレスタンクでの発酵が多いなかで、昔ながらの木の樽(注*)での発酵を守っています。多様性あふれるつくり手の意志が凝縮した静かで飛びぬけて幅のある力を持った味わいです。初めての時は、その押し殺したような意志の力にたじろいでしまいました。とても忘れられない強い印象を残す味わいでした。

こんなワインを、この味わいのまま日本に届けたい。届けよう。あらためてその思いに強くとらわれました。そして、すぐに輸入を決意しました。この日は私の心に深く焼きついた生涯忘れ得ぬ日となりました。以来、この2つのドメンヌのワインは途中に中断はありましたが、今もイル・プルー・シュル・ラ・セーヌで輸入を続けている、私のとても大好きなワインです。

＊私の推論ですが、木の樽では自然界のより多くの微生物、木の成分などが加わり、より複雑な発酵になり、味わいと深さと力が生まれてくると思われます。

3
column

人間の生活環境への順応は意外に早い

何度もフランスと日本を行き来しているうちに、あることに気づきました。渡仏して3ヵ月ほどすると、日本で慣れ親しんできた味わいの感覚が次第に薄れていきます。そして、半年、1年後フランスからに日本に帰って3ヵ月ほどもすると、フランスでの感覚が次第に消えていき、日本の感覚に戻ってしまいます。これは人間の生活環境への順応性なのでしょう。フランスでとても印象的な経験をしたとしても、日本に帰ると、時間の経過とともに、その印象の鮮やかさは消えていき、「なんとなくよかった」となってしまいます。つまり、フランスで感動したフレンチワインの素晴らしい味わいも、その印象をいつまでも持ち続けることは難しいのです。

第 3 章

無残な失敗に終わった
3度のワイン輸入

―― 迷走から崖っぷちへ ――

1　1回目の輸入（1995年）
――ワインに無知な当時の私にはとてもおいしく感じられた

１９９５年、ともかく見様見真似で第1回目の輸入に踏み切りました。輸送や保管の知識はなきに等しいものでした。亜硫酸塩が少ないのだから当然旨いワインが届く。浅はかな考えの下に１３００本を発注しました。輸送には定温輸送のできるリーファー・コンテナを用いました。通常は13度ですが、日本はフランスより少し暖かいので、それを考慮して少し低めの10度に設定しました。到着し、通関手続きを済ませ、輸入した製菓材料を預けている倉庫に保管しました。もちろん、ワイン専用の倉庫ではありません。今考えると、あまりにも乱暴なワインの扱いでした。

通関後、3～4日して早速の試飲です。倉庫から無造作に車に積み込んだワインが届くのを、親鳥から餌をねだるひな鳥のように、ブルゴーニュのグラスをそろえて待っていたのです。仕事を終え、いよいよ試飲です。飲み頃の温度にしたワインを早速、口に運びます。口中に広がる味わいに心は躍りました。偶然の重なりもあったでしょう。当時の私がワインの味わいというものをまだ知らなかったこともあったでしょう。とんでもなくおいしいのです。

今までフランスから持ち帰ったワインに比べても、もちろん、力のなくなった市販の輸入ワインに比べても、香りも立ち、色も目立って濁っておらず、膨らみのある味わいだったのです。「ついにやったー」と叫びました。でも今にして考えると、色は薄くくすみすべての種類のワインから甘みが出ていて、リンゴ酸のような妙に膨らんだような香りがありました。でも、これがワイン内に腐敗菌が入った悪い兆候であると気がつくことはなく、これがフレンチワインのおいしさだと思い込んでしまいました。

2　到着後4、5ヵ月すると味わいが急激に劣化

世に問うために輸入したワインですから、まずはじめに自分がその特徴を知り尽くさなければと思い、狂ったように毎夜の試飲を続けました。旨いワインを手にした興奮で有頂天になっていたのです。そして販売を始める前の3ヵ月間に400本ほどを飲んでしまいました。周りの人たちは、ただただあきれていました。やっと販売を始めてもそれほど売れるわけではありません。売るための手立てなんかまったく考えていなかった士族の商法でした。

売り出しから4、5ヵ月過ぎると、ワインの味の劣化が始まりました。翌年の2月になると、それは誰にでもわかるほどになり、飲めるような味ではなくなってしまいました（2月

に味わいが劣化することには、重要な意味があることを後に知ることになります）。すべてのビンに酢の匂いがあり、口のなかでムワッと広がる不快な酸味が増し、味はにごり、舌をザラッとこする鈍重な不快なものとなっていったのです。もう完全に以前の味ではありません。なぜ急にワインが変化し始めたのか、原因がさっぱりわかりません。

保管場所はワイン専用の倉庫ではなかったため、倉庫の空気中に浮遊する、ワインに良くない何物かから影響を受けたのではないか、という考えに行き着きました。仕方ない、次はワイン専門の倉庫にすれば大丈夫だろうと気を取り直しました。

私は性格上、旨くないものは売れないので５００本ほどが廃棄となりました。

3　2回目の輸入（1996年）——まとまりのない緩んだ味わい

翌年、今度は間違いなく旨いワインが来ると勝手に思い込み、2回目も前回と同じくらいの数のワインを輸入しました。そして前回の反省を踏まえ、横浜にあるワイン専門の倉庫に保管しました。しかし、今回は到着時から前回とは明らかに違った味わいでした。全種類のワインが全体にまとまりのない緩んだ味で、特にキャピタン・ガニュロのブルゴーニュ最上の白ワインの一つといわれるコルトン・シャルルマーニュは透明感に欠けた、しまりのないリンゴ酢のような甘酸っぱい香りと味でした。1回目のワインが翌年の2月を境に香りや味が変わっていった時とすでに同じ味わいだったのです。

まず2つの原因を考えました。1つ目は、輸送はリーファー・コンテナでしたが、混載便のため、何か想定しなかったことが起こり、変化が始まっていたのではないかということ。

2つ目は、船が大きく揺れ続けて激しくワインが傷んでしまったのではないかということ。ワインを収納したコンテナが船のどの位置に置かれていたかによっても、揺れは異なります。船倉の上部や後部に積まれれば揺れはより大きくなり、カーヴ内で得られていたさまざまな成分の本来の混ざり具合が激しく乱れ、味も変化します。

悪い予感を抱きながらも、休ませるしかありません。それでも、2ヵ月ほどするとワインはそれなりにおいしさを感じるほどに変化していきました。しかし1回目のワインほど澄んだ味わいにはならず、少し鈍重な味わいでした。さらに5〜6ヵ月後には味わいは回復してきましたが、少しひねたような味わいが消えることはありませんでした。

4　2回目のワインも翌年2月を過ぎるとさらに急速に劣化を始めた

そして年が明け、2月を過ぎるとまた急速に酢の匂いを伴った鈍重な香り、味わいとなり、舌に不快な刺激を感じるようになってきました。どうにもわかりません。まったくないに等しい知識では、どう対処してよいか見当などつくはずもありません。笑ってしまいますが結局、今回も５００本ほどの廃棄となりました。

途方に暮れ、ワインに詳しい何人かの方に話を聞きました。そのなかに救いの助言がありました。日本のワイン倉庫は春夏秋の気温の高い時期に庫内温度を13度ほどまで冷やして下げることはあっても、冬の寒い時期に庫内を温めて年間を通して13度に保つ倉庫はほとんどないということでした。そのため庫内の温度が5度ほどになると、次第に湿度も低くなって庫内の空気が乾燥し、コルクが収縮してきてコルクとビンの間から腐敗菌が侵入してワインを変質させるということでした。

「あ〜あ、そういうことなのか」。ここで初めて腐敗菌がビンのなかに侵入し、ワインを変質させるという考えが実感を持って認識されたのです。2月にワインの劣化が急速に進む理由がようやく理解できました。ともかく夏は冷房、冬は暖房を入れて年間を通して一定温度に管理している倉庫を探しました。そのような時、「ワインのエキスパート」と宣伝しているある倉庫が通年の温度管理をしていると聞き、実際に東京の天王洲アイルにある倉庫を下見しました。倉庫の責任者に低温の期間も庫内を13度に保っていることを確認し、次に輸入するワインをここで保管してもらうことにしました。

もうこれで大丈夫と単純に安心しました。来年こそは1年を通して旨いワインが飲めるぞと期待は高まりました。

5 3回目の輸入（1999年）
――通年温度管理の倉庫でワインはさらに激しくドブ水のように劣化

温度管理を通年で行っている倉庫を用意し、今度こそ絶対大丈夫だという大きな希望の下、懲りずに1000本以上を注文しました。今度は少し考えて500本は蔵元で預かってもらうことにしました。1999年6月に3回目のワインが到着しました。いつものようにひと通り試飲してみました。ブルゴーニュのコルトン・シャルルマーニュを除けば、はっきりした異常は感じられませんでした。

コルトン・シャルルマーニュは栓抜きを差し込むと、コルクがポロポロと崩れ、すでに気の抜けたような、間の抜けた甘い味なのです。2ヵ月、3ヵ月経っても味は落ち着かず、それ以降もとても人に飲んでもらえるような状態にはなりませんでした。

コルトン・シャルルマーニュ以外のワインも、3ヵ月、4ヵ月と時間が経つにつれ劣化が進みました。

さらに2月の寒期に達する前の12月には甘みがはっきりと表面に出て、鈍重かつ不快な味になってしまいました。私はまったく驚いてしまいました。その後も味わいはいっこうに回復せず、飲める状態になることもなく完全に腐りきってしまったのです。そして翌年の1月、2月、3月と、コルクはさらに腐って栓抜きが突き刺さらないほどにボロボロになり、ほかのすべてのワインもまさにドブ水とも言えるほどに完全に腐敗変質してしまったのです。キャピタン・ガニュロのあの優しい、流れるような深い味わいと、長い余韻のイメージとはまったく異なるものとなってしまいました。これでは販売することはできません。目の前が真っ暗になりました。ここまでしたのになぜなのだ、行き場のない深い怒りが湧いてきました。

キャピタン・ガニュロのパトゥリスさんによると、コルトン・シャルルマーニュは繊細な味わいにさらに磨きをかけるために、樽にワインを詰める際に、牛乳と卵白も入れ、それらにある種の成分を吸着させ、澄んだ味わいを得るとのことです。もちろん、牛乳には雑菌が生息しているのでほかのワインより変化しやすい状態にあり、何らかの原因で菌が輸送中に異常に繁殖してワインの味を損ねたことは考えられます。

結局、今回も２００本ほどが廃棄となりました。残りの５００本は2回に分けて取り寄せましたが、やはり良い結果は得られませんでした。

6　微生物の侵入がワインを腐敗させることを初めて確信

もうここまで来ると、いくらワインに無知な私でも、ワインは日本に到着後、あるいは輸送の段階で侵入した微生物による異常発酵によって変質するということは、ほぼ間違いないと考えるようになりました。まさか振動だけでコルクがそれほどボロボロになり、ワインがドブ水のようになるなど考えられません。

それにしても、キャピタン・ガニュロのすべてのワインの変質ぶりは突出していました。ドブ水のような状態なのです。このキャピタン・ガニュロのワインに添加されている亜硫酸塩は二酸化イオウだけで、含有量はビオワイン以下とかなり少ないので、とりわけ腐敗が進んだのでしょう。酸化防止剤の添加量が少なければ腐敗菌の活動を抑えられず、ワインは一層早く腐敗します。普通のワイン倉庫は晩秋、冬は気温が下がり腐敗菌の活動は不活発になります。しかし、庫内が一年中13度という暖かいところでは、日本の高温多湿の気候に生息する腐敗菌はずっと活発に活動を続け、まさに一直線に醤油色のドブ水といえるほどに変質してしまったのです。これが、通年13度の定温で保管したワインが、これまでの倉庫より早く激しく腐敗が進んだ理由と考えられます。

結局3回目の輸入も惨憺たるものになってしまいました。

7　この事実を倉庫へ伝える
――しかしこの倉庫が悪いわけではない。日本の常識では最良の設備

私はこの事実を告げるために、倉庫の所長さんを呼んで、その旨を告げることにしました。私としては腐敗したワインを賠償してほしいなどとは少しも考えていませんでしたが、とにかく真実は伝えておかなければ、と考えたのです。

しかし、彼は賠償を恐れ、「私たちは日本でこれ以上考えられない最高の条件でワインを保管しており、責任はまったくない」と、のっけから言われました。私は賠償の話のために来てもらったのではなく、実際にあったことを伝えたいだけだ、ということを述べました。

ソムリエといわれる人でも、輸入されるワインの状況について正しい知識を持ち合わせている人はほとんどおりません。ワインが腐敗してレンガ色に変わっていくことをより良い熟成とするような常識が一般的なこの日本で、彼の主張は間違いではなく、確かに同社が自ら宣伝するようにワインのエキスパートなのです。私は最後に、所長さんにそちらでもより良い状態で保管する方法を考えてください、と伝えました。

CRÉMANT BLANC TRADITION BRUT
クレマン・ブラン・トラディシオン・ブリュット
VIN EFFERVESCENT
ピノ・ノワール、シャルドネ、アリゴテ
（198ページ参照）

クレマン・ブラン・トラディシオン・ブリュットは輝く

青葉千佳子

注がれる音色すら爽やか　涼やかな泡音
グラスの底から　陽光を映す粒子たちは　それぞれが思うがままに立ち昇る
圧倒的な煌めき　ひときわ光彩を放つ
もぎたてのブドウそのものの香りと味が泡になって口の中ではじける
酸味があって　フレッシュで　クール

体中が目覚め　動きだす感覚
快く舌を刺激し　鼻の奥から高くたちのぼる際の爽やかさは　格別なもの
その快感に　眠れる感性が泡立つ。

血の流れにそって　心地良く体を巡る
胸と背中が熱くなる……

ほとばしる情熱

弾けて飛翔する　無邪気だったあの頃に戻って…
クレマンで　今日も乾杯できる事は、幸せ。

第 4 章

発想を変えて無菌の保管場所を探す

1　大谷石の地下採掘場跡で保管されているワインのおいしさに驚く

これまでのことを論理的に考えると、ワインの保管に適した場所は、菌の生息していないところ、あるいは菌が極めて少ない場所ということになります。高い標高の山中の洞窟のようなところは微生物も少ないのではと考えて探しましたが、見つかりませんでした。しかし、この考えに合致する場所の情報がもたらされました。ある時、イル・プルー・シュル・ラ・セーヌのお菓子教室の生徒さんから、栃木県宇都宮市の大谷石の地下採掘場跡にワインを貯蔵している方がおられるという話を聞き、早速に連れて行ってもらいました。

そこでワインを試飲させてもらいました。この日本にワインを保管するのに適した土地などあるわけがないと思っていたのですが、私の考えをくつがえすおいしさだったのです。ブドウの自然な色、香り、味わいを持ち、五感が吸い込まれていくのがわかるおいしさでした。日本にもこんなところがあったのかと、本当に驚きうれしくなりました。

2　しかし長期保存には難点も

その地下採掘場跡を所有している方の話によれば、大谷石は、かつて噴火した火山の火山灰や砂礫が海中で凝固したものであり、坑内にはある種の化学物質が昇華して空気は殺菌され、空気中に微生物はおらず、以前は甘夏ミカンの長期保存にも使われていたということです。そうか、腐敗菌がいないからこんなに旨いのかと、これまでの私の経験からも合点がいきました。ワインの腐敗はビン内に侵入した微生物が起こすものであることを完全に裏書きする話でした。今度こそ、すべての問題は解決できる、と考えました。

その後、何度かお邪魔してワインをご馳走になりました。そして気づいたのは、そこでの保存期間が1、2年のものは本当においしいのですが、保存期間がそれ以上に長くなると、赤・白のワインともにある共通した香りが生まれてくることでした。その香りは保存期間が長いほど強くなり、ワインの本来の味わいの邪魔をし始めるのです。特に白ワインに特徴的にその傾向がみられました。こうしたことによっても、コルクとビンの間から活発に空気が流通していることが裏づけられます。

これは大谷石から昇華する何らかの物質の匂いであると考えられます。ビン内に多量に流入し、ワインを変質させているのです。しかし3年目くらいまでに出荷してしまえば、おいしい状態で飲むことができるのではないかと、私は考えました。

3　4回目の輸入（2000年）
――大谷石地下採掘場跡にワインを保管

そこでワインの保管場所として、ぜひ貸してほしいとお願いしました。しかし地下採掘場跡の奥のほうは、もうすでにワインでいっぱいで無理ということでした。採掘場の入口から50メートルほど下がったところの10坪ほどの場所しかないとのことで、やむなくそこを借りることになりました。

不安だったのは、4、5メートルほどの通路をはさんで向かい側にハムの熟成所があったことです。しかし、ほかの場所を探すのは時間がかかります。ワインの到着に間に合わせるために借りることにしたのです。

前回の輸入から1年後の2000年、4回目の輸入ワインが届きました。ブルゴーニュの蔵元から出荷するにあたって、少しでも菌の侵入が遅れるようにと、ワインの入ったダンボール箱をラップで二重に包んで出荷してもらいましたが、冷静に考えれば、本当に気休めにもならない処置でした。到着時の味わいは、今回はさらに味がぼけて鈍重でかなりまずく、初めから不安を感じさせるものでした。なぜなんだろうと考える気力も消え失せてしまいました。到着したワインは大谷石地下採掘場跡に運び込みました。

3ヵ月休ませた後、東京からテーブルやワイングラスを運び、坑内で試飲しました。梱包のダンボール箱には、ハムの匂いのする綿のようなカビが少し積もっていました。ぞっとするような悪い予感がしました。

おそるおそる、段ボール箱からワインを取りだし、栓を抜いてグラスを傾け静かに注ぎました。薄暗い小さな裸電球の下で、私の大好きなブルゴーニュの赤は、ゆったりと深い朱色を見せていました。しかし、ややオレンジ色が入っていたような気がします。

香りをかぎます。ブルゴーニュの豊かな香りが鼻腔を満たします。でも、少しばかりもわっとした香りが強すぎる気もしました。

静かに口に含みます。「んー、いいぞいいぞ」。あるいはむりやりに良い状態にあると思い込もうとしていたのかもしれません。しかし、まずは腐敗臭や気になる匂いは特にありません。滑らかなノーブルな味わいが広がります。旨い、そう思いました。到着時の試飲よりは少しマシな感じでした。

失敗した過去3回のワインの味わいにはいずれも甘みが表面に出ていました。さらに今回もまた味わいの表面にはっきりとした甘みが出ていたのです。フランスで飲むワインは、貴腐ワインなどの甘口ワインを除いては常に酸味が全体の味わいを束ねています。

甘みが強い場合はすでに腐敗菌が侵入してワインが変質し始め、悪い方向へ行こうとしている時がほとんどです。このワインがどう変化していくかは、怖いので考えないことにしました。

4　半年経過した後、ワインは一挙に劣化を始める

しかし今回は到着後、６ヵ月ほどまでは大きく味を損ねるまでの甘みは出ませんでした。いよいよ、ワインの売り出しです。しかし売り出し直後から、致命的な好ましくない変化が出始めました。近くにあるハム熟成所の影響でしょう。そして10ヵ月もするとワインを詰めたダンボール箱を包むラップの上に、明らかにハムの匂いがする綿カビがさらに積もり始めたのです。そしてコルクが腐り始め、栓抜きを差し込むとボロボロともろくも崩れるようになってしまいました。

結局、今回も３００本ほどが廃棄となりました。

当然ですが通年13度定温の倉庫での味わいの劣化の場合とは異なる、ハムのカビの匂いの混じった香り、味わいになってしまったのです。今回は明らかにハムの熟成所のカビがワインに侵入したことによる腐敗です。もう売り物になりません。ほかの保管場所を探そうにも、もう疲れ切り、心は萎えきってしまいました。断念するしかありません。

フランスで飲むような健全なおいしいワインを、この日本で飲みたいというのは、やはり不可能な思いであると考え始めました。お金もかなりつぎ込みましたが、結局、得るものはありませんでした。本当に落ち込み、残ったのは絶望と徒労感だけでした。

4度にわたるワイン輸入の試みはすべて失敗に終わり、時間もお金も無に帰してしまいました。しかし、失敗を通して一つの事実が明らかになりました。海上輸送時のコンテナのなかで、さらに日本に着いてからも、フランスの大陸性気候下では存在しない強力な微生物がビン内に侵入してワインを腐敗させることがさらに、明白になりました。そして日本国内のどこに保管しても腐敗や変質は避けられないことはゆるぎない確信となりました。

4
column

ワインの酵母菌が生きるためには充分な酸素が必要

収穫されたブドウは、つぶされ、発酵槽に入れられ、酵母の働きによってブドウの糖が二酸化炭素とアルコールへと変換されます。発酵を担う酵母菌はブドウにもついているし、空気中にもいます。多様で多数の酵母の共同作用により、発酵が起こります。

そしてカーヴの樽のなかで2年ほど十分に熟成させてビンに詰め、さらに長期間熟成させます。この樽とビン内の熟成の過程では、酵母菌が生きるために酸素を必要とします。外国のワイン評論家のなかには、ビン内にあるわずかな酸素で10年間も酵母が生き続けると言う人もいますが、私はそんなことはないと思います。その量を推量することはできませんが、絶えず微量の酸素を補給し続けなければ、酵母は不活性化してしまいます。発酵を担った微生物とカーヴに棲みついている「家つき酵母」が、コルクとビンの間から絶えず行き来してそのカーヴの特色も加わった味わいがつくられていくのです。

ビンのなかの酵母菌が生きていくためには、私たちが想像する以上に酸素が必要です。以前こんなことがありました。二酸化イオウをまったく加えていないワインをいただいたことがあります。この場合は、菌による腐敗がすぐに始まるので、ビンの口に蝋引きをして空気を遮断していました。当然、極めて少量しか酸素は補給されず、酵母菌は不活性化して熟成は進みません。まるで気の抜けたブドウジュースのようで、とてもおいしいといえるものではありませんでした。ビンの内と外との空気の流通は活発に行われているのです。

5
column

コルク（栓）の役割
——空気は通すが水分は通さない——

ワインの栓に用いられるコルクガシは多孔質で弾力性に富み、ワインのビンの栓として古くから用いられてきました。私の経験ではコルクには次のような役割があります。

まず、ビンの内と外との空気を流通させます。コルクにはビンの内側と外側を完全に遮断する役目も能力もありません。本文で述べてきたように、コルクは空気の流通を遮断しないので、ワインの発酵・熟成にうってつけの素材といえます。ビン内に適量の酸素とカーヴ内の酵母も流通させることで熟成を促し、味わいの深いワインをつくりあげます。また、コルクガシはビン内の水分が外へ流出することを極力抑える性質を備えています。以前、キャピタン・ガニュロのカーヴで20年前にビン詰めされたワインを見たことがあります。ビンのなかのワインは通常のワインの嵩から2㎝ほどしか減っていませんでした。ただし、コルクが収縮してあまり空気が流通しすぎないように、カーヴ内の湿度は80％程度に保つことが必要です。

第 5 章

劣化したワインが
料理とソースまでもまずくしている

1　日本では値段やビンテージでワインを選んでも意味がない

ここまでの経験からいえることは、どのようにしてもフランスでの味わいのままワインを日本に持ち込むことは、不可能であるということです。日本で輸入ワインを少しでもマシな状態で飲むには次のような工夫が必要です。まず、日本に着いてからなるべく時間が経っていないものを選びます。一般の酒屋にしてもワイン専門店にしても、高いものほど販売の回転率が悪く、日本に着いてから時間が経っていて、ほとんどレンガ醤油色をしています。わざわざ高いワインを買ってもなんにもなりません。高いお金を出してもワインを心から楽しむことはできず、おまけに翌日に気分の悪い朝を迎えるだけです。

回転の早い安いワインのほうが腐敗の程度は低く、ブドウの当たり年あるいは高級ワインの代名詞となっているビンテージものを買った場合よりも、次の日に不快になる確率は少し低くなります。狙い目は、よく売れていて回転率のよさそうな1000～1200円の新着ワインです。日本に着いてからできるだけ時間の経っていないものに当たれば、腐敗の程度が低いものにめぐり合える確率が高くなります。

後述する『奇跡のワイン』が可能になる前の数年は、私はこのあたりの価格帯のワインしか買わなくなりました。これで、5回に2回くらいの割合で何とか飲めるものにめぐり合うことができました。それを２、３本買っておきます。でも、全部飲み終えて同じものを買ってみると、そのほとんどで腐敗が進んでいて、一層まずいワインになっています。ですから、また新たなワイン探しが続くことになります。大手コンビニチェーンなどが１０００円前後で売っているワインには、３本に１本くらいの割合でなんとか我慢して飲めるものがありました。

しかし、昨今のワインブームでさらに大量にワインが輸入されて、ワイン全体の販売の回転が著しく悪化したために、最近は新着ワインとあっても、良い状態のものにあたる確率は次第に低くなっています。味のわからない日本人でもその腐敗に気づくくらいになると、デパートなどではビンテージの古いワインをあわてて売り出します。そしてワインスクールの先生までもが、喜んで腐敗したビンテージのワインを買い求めに行くのです。

2　日本で本当に旨いフランス料理をつくることの難しさ

〈1〉素材の違いと劣化したワインが料理やソースづくりを難しくする

すでに紹介したドゥニさんは、フランスの正統な伝統のなかで育った最後のパティシエにしてキュイズィニエの巨人であり、食べる人の体と心の幸せや喜びのために、嘘や偽りのない真実のお菓子や料理をつくり続けています。ドゥニさんは星を獲得しようとミシュランに擦り寄り、喜ばそうと実のないアクロバティックな料理をつくるようなことは考えもしません。

ドゥニさんの料理への姿勢と彼がつくりだす味わいは、長い交流を通して、私の五感に深く刻まれています。フランスでドゥニさんが自らのアパルトマンでつくってくれた料理で、私の期待を裏切ったものはありません。すべてが香り高く、味わいは豊かに響き合い、私のすべての感覚を揺り動かします。「天才だ！」。何度、心のなかで叫んだかわかりません。

前述のようにドゥニさんは毎年、イル・プルー・シュル・ラ・セーヌ主催の料理講習会でデモンストレーションをするために来日します。開催の5日前には日本にやってきて、着くとすぐに料理とお菓子の試作を始めます。でも、多くの場合、1回目の試作ではまず目標とするものはできません。その多くは日本の野菜や肉、乳製品などの素材に問題があります。少しでもまともな食材を探すために、毎年、とんでもない労力と出費が続きます。

〈2〉ソムリエも専門商社もワインの状態を認識できない

野菜や肉だけの話ではなくワインでも同じで、毎年少しでもマシなものを探すために大変な苦労をします。ワイン探しはドゥニさんが着いてから始まります。1ヵ月以上前に見つけても、半月後には早くもどうにも使えないものに変質してしまうからです。とにかくちょっとでもマシなワインを見つけることさえ至難の業です。

彼は料理でさまざまなワインを使います。たとえば、魚のだし汁のフュメ・ドゥ・ポワソンや魚のソースには辛口の白ワインであるサンセールを使い、料理によってはブルゴーニュやボルドーの赤ワインを使います。時には煮込料理の仕上げに、アルザスの白ワインであるリースリングを使います。

ドゥニさんの料理を正しく再現するために味わいのしっかりしたものをと思い3000～4000円ほどのワインを探していました。さまざまな方面から赤白7、8本ほど取り寄せても、高いワインは特に回転が悪いので、目をつぶって何とか使えるという程度のワインがやっと1本見つかる。そんな具合です。ワインに詳しい方の紹介でしっかりとした輸入業者に、念には念を入れて状態を確認してもらい、自信のあるワインを納入してもらったことがあります。しかし、やはりだめでした。専門商社といいながら、自社で仕入れているワインの状態もわかっていないのが普通です。

日本の料理人やソムリエさえも、日本でワインがどのような状態になっているか、などということについて知らないのですから、レストランで本当においしいソースの料理にめぐり合うということはまずありません。

どんなに手分けして探しても、料理に使えそうなワインはなかなか見つけることができないので、ある年からドゥニさんにフランスから携えてきてもらうようになりました。また、その後2014年までは講習会の1ヵ月前に航空便で前もって送ってもらうようにしていました。腐敗しているものや亜硫酸塩が多量に添加されたものより少しはマシな状態ですが、すでに述べたように本来の味わいとはかなり違い、完璧なソースをつくるのはやはりとても難しいことでした。

〈3〉もしも10年前に「酸素無透過袋」ができていれば

かなり以前のことですが、こんなことがありました。ドゥニさんの料理講習会にフランス東部のジェラ地区のヴァン・ジョンヌ（黄ワイン〈ドゥニさんによれば、つくり方は少し異なるがスペインのシェリー酒（xérès）と同じカテゴリーに入る、シェリー酒に似た味わいの黄色のワイン〉）で鶏を煮る料理があり、ドゥニさんにワインを航空便で持ってきてもらいました。1週間経ってから料理に使ったのですが、そのワインはザラザラで甘みが強く出ていました。それでも初めて口にするワインで、私も本当の味をよく知らず、また料理もソースもそれまで食べたことのないおいしさだったので、ヴァン・ジョンヌはこういうものかと思っていました。しかし、「酸素無透過袋」に入れて輸入したヴァン・ジョンヌによって、それは本来の味わいとはまったく異なるものであることがわかりました。

良い状態のヴァン・ジョンヌは本当に香り高い、想像を超えた端正なおいしさのワインであり、それを使ってつくったソースもまた想像を超えた五感を包み込む味わいでした。

もしも10年前に「酸素無透過袋」ができていれば、さまざまのことがもっと容易に良い方向に変わっていたことでしょう。

第 6 章

ほとんどの人が知らない
亜硫酸塩の強い毒性

1　亜硫酸塩の強い毒性を知っていますか

ワインは抗酸化作用や免疫力を高めるといわれる植物性の化学物質ファイトケミカルのポリフェノールを含んでいて、体に良いと誰もが考えているので、ワインには強い毒性があると言われれば、エッと耳を疑う人も多いでしょう。

腐敗防止のために最近、総じて安価なワインに主に多量に添加されているのは、メタ重亜硫酸カリウム（以下、「メタカリ」といいます）などの二酸化イオウより強い亜硫酸化合物です。これは二酸化イオウによる燻蒸（イオウを燃やして立ちのぼった煙でいぶして消毒すること）とは異なり、ワインの分子レベルにまで深く浸透し、毒性も強く、容易に抜けることはありません。亜硫酸塩総量の少ないワインにも添加されますが特に多量に添加されたワインはとりあえず腐敗は少し遅れるのでリーファー・コンテナで輸送する必要もありません。扱いに気をつかう必要もなく、便利で安くつくので安価なワインには多量に添加されています。亜硫酸塩には二酸化イオウ、ピロ亜硫酸カリウム（メタ亜硫酸カリウム／メタカリ）、ピロ亜硫酸ナトリウム、亜硫酸ナトリウム、次亜硫酸ナトリウムなどがあります。

亜硫酸塩は４段階に分けられる毒性の強さの２番目に強い毒性があり、発がん性・催奇形性・心臓病その他多くの疾病を起こすとされています。できるかぎり低濃度が望ましいのです。

また、亜流酸塩はワインだけでなくさまざまな食品や飲み物にも添加されていますが、ワインは特に多く、人によっては2、3杯飲んだだけで頭痛や不快感に襲われることが少なくありません。少ない量を飲んだだけで、強い不快感に襲われるのはワインだけです。健康を傷つける恐れがあるほどのかなりの量が加えられているからです。

2 際立って多い日本の亜硫酸塩の許容量

日本とEUの亜硫酸塩の1ℓあたりの許容量を比べてみます（表）。厚生労働省の添加物使用基準リストによると赤ワインはEUの150㎎／ℓに対し、日本は350㎎／ℓ、白ワインはEUの200㎎／ℓに対し、日本は350㎎／ℓと、EUの2倍前後の量まで許容されています。なぜ、これほどの大量の亜硫酸塩の添加が許されたのでしょうか。それは、もちろん、大手

日本、EUなどの亜硫酸塩許容量とキャピタン・ガニュロの亜硫酸塩含有量（1ℓあたり）

	赤ワイン	ロゼ・白ワイン
日本	350	350
EU	150	200
オーガニックワイン（EU）	100	120
キャピタン・ガニュロ	23 ＊1	71 ＊2

＊1　エシュゾー・グラン・クリュ
＊2　ラドワ・ブラン・プルミエ・クリュ・レ・ゾート・ムーロット
（注）日本とEUは亜硫酸塩総量（二酸化イオウとメタカリなどの総量）。
キャピタン・ガニュロはイオウの燻蒸（二酸化イオウ）のみ。

を中心とする輸入ワイン業界の働きかけがあったからと考えるのが自然でしょう。もちろん、そこには消費者の健康などという視点は入ってきません。

3　多量に加えられた亜硫酸塩の不快極まりない味

メタカリなどのより強い毒性の亜硫酸塩が多量に添加されたワインの味は総じて次のようなものです。口に含むと、まず舌を押し返し、舌が瞬時に軽く麻痺するような感覚がもたらされます。胃カメラを入れる直前に舌の上に注射器で入れる、舌と喉を麻痺させるための、あのドロッとした液体の感覚です。

そして極めて不自然な渋みの重なった、鈍重でザラザラの酸味が感じられます。香りや味わいの機微やワインがもたらしてくれるうれしさ、楽しさなどは少しも感じられません。気味の悪い液体です。しかし少なくない人が、これがワインの味と思って好んでいるのも、私には驚きです。

多くの人が翌朝感じる不快感は、亜硫酸塩によるものです。日本酒やビールによる二日酔いの状態とは不快感がかなり異なります。私の経験からいうと手術時の全身麻酔が覚めたときに似て、意識のなかで自分をじっと見つめるもうひとりの自分がいるようで、体はだらしなく力が入らず動きません。意識が麻痺して身体が動こうとしない、どうしようもない不快感です。また、ワインの色合いがレンガ色や濁った醤油のようになり、腐敗が進んだワインを多く飲むと、吐き気とともに全身が虚脱感に包まれ頭の芯が痛みます。本当につらい不快感に襲われます。

4　添加物が二酸化イオウか毒性の強いメタカリか、その種類も濃度も消費者にはわからない

すでに述べたように、フランスでは以前から国内用のワインにはイオウ（二酸化イオウ）による樽内の燻蒸が行われてきました。樽内に付着した二酸化イオウがワインに溶け込み、亜硫酸塩となり、酵母菌は傷めずに腐敗菌を殺し、ワインの変質を防ぎます。また、二酸化イオウは毒性が弱く、毒性が抜けやすいといわれています。しかもこの製法はフランスなどで千年も前から行われていたものです。80ページにあるようにキャピタン・ガニュロの二酸化イオウの添加量は極めて少ないですが、さらにビン詰めまでに亜硫酸塩は抜け、ほとんど残留していないと思われるとピエールさんが言っていました。

日本でもメタカリが多量に使われていなかった10年ほど前には、ビンの裏のシールには添加物として「二酸化イオウ」と表示されていました。しかし、最近では輸出の際に二酸化イ

オウではなく、手間のかからないメタカリなどの、より強い毒性の亜硫酸塩が使われるようになりました。

現在は昔ながらの製法で使われる二酸化イオウから生成される亜硫酸塩も、より毒性の強い化学合成のメタカリなどの亜硫酸塩も、成分表示としては等しく「亜硫酸塩」としか表示されていません。そしてその含有量も記載されていません。

日本向けのワインには日本の輸入業者の求めに応じて、亜硫酸塩を日本の基準でたっぷりと添加するのが常識となっています。もちろん、消費者のことなどまったく考えず、巧妙に消費者の目をごまかしているのです。

イル・プルー・シュル・ラ・セーヌが輸入しているキャピタン・ガニュロのワインのように、ビオワインの許容量よりさらに亜硫酸塩の数値の低いワイン（赤ワイン（エシュゾー・グラン・クリュ）で23㎎／ℓ）も、規制値ギリギリの350㎎／ℓ入っているワインも、ラベルで見分けることはできません。消費者が健康に良いものを選ぶ権利を奪うことを、誰が可能にしたのでしょうか。理不尽の極みです。

亜硫酸塩の量とその種類は消費者に明確に示すべきだと思います。

5　輸入業者は亜硫酸塩濃度を明らかにするか？

私はワインを飲む人なら誰でも知っている大手ワイン輸入業者にチリワインのいくつかの銘柄について、亜硫酸塩の濃度と添加している亜硫酸塩の種類を尋ねました。こちらの素性も明らかにし、同時に消費者としてもお願いしました。

二度のメールのやりとりの後に、返答を拒否する旨のメールが届きました。内容は、「一般的なワイン情報以外の個別な情報の開示は生産者への確認承認が必要であり、私どもからは答えられません。亜硫酸塩の使用量については国の定めた基準内であることを常に確認しております」というものでした。

国で決めた規制値以内なら、どうしてはっきりと答えられないのでしょうか。法的に問題ないのなら、どうして明らかにすることを拒んでいるのでしょう。それは法的に問題なくても、彼らが輸入しているワインに添加された亜硫酸塩の濃度は飲む人の健康に悪い影響を与えるということを知っているからであり、できるなら目に触れないようにしておきたいという意図がよくわかります。

6　体に良くないものを隠す権利は誰にもない

日本のワイナリーでは、亜硫酸塩の濃度・種類はどこでもすぐに教えてくれます。日本のワインの味は別として、国税局のホームページによると、国産のワインの亜硫酸塩含有量の平均値は、赤ワイン50㎎／ℓ前後、白ワイン100㎎／ℓ前後と極めて少ない。数値をオープンにできるのは健康に良くない亜硫酸塩は極めて少量しか加えてないと自信を持って言えるからです。

イル・プルー・シュル・ラ・セーヌが輸入しているフランスのワイナリーも亜硫酸塩の濃度をすべて明らかにしており、これは巻末に記してあります。

うってかわって、前述した大手ワイン輸入業者は生産者の承認が必要ということを盾にしていますが、教えたくないという意図は明らかです。彼らはワインの売り上げを伸ばすことと、消費者の健康どちらを大切に考えているのかと疑念を持ってしまいます。

消費者の健康を傷つける恐れのあることをする権利は誰にもないのです。

7　では実際の濃度はどれくらいか

158ページで後述するイタリアン・ヌーボーはひと口で全身の感覚が危険を感じる経

験したことのない味わいでした。恐らくあのワインは日本の亜硫酸塩許容量の上限350㎎／ℓ、あるいはそれ以上の濃度だったと思います。

上記のチリワインなどは、300㎎／ℓ前後じゃないかと思います。これでもかなりの高濃度です。なぜ上限の350㎎／ℓまで添加しないと思うのか。これはいろいろ試した結果、実際は300㎎／ℓしか加えてないという、ポーズを取るために業界としては350㎎／ℓという規制値を設定しようとしたのではないかと私は推測します。

この推測が正しいかどうかはとりあえずわかりませんが、正しい添加量を明らかにしないのですから文句は言えません。

8 イル・プルー・シュル・ラ・セーヌが輸入するワインの亜硫酸塩の濃度

巻末（220〜221ページ）にイル・プルー・シュル・ラ・セーヌで輸入しているすべてのワインの二酸化イオウ、あるいは亜硫酸塩の濃度を記した表を載せています。

それぞれのドメンヌやシャトーのワインの味わいについての考え方や醸造の方法、土地のミネラルの状態によって、イオウを燻蒸して添加する場合、これにさらに醸造の過程やビン詰めの時に亜硫酸塩（メタカリ）を加えるところもあります。

このうちいくつかを見てみます。

〈1〉キャピタン・ガニュロ

イオウの燻蒸による二酸化イオウ添加のみ。

赤ワインは23～66㎎／ℓ、白ワインは71～85㎎／ℓとEUのビオワインワインの許容量と比べてもかなり低くなっています。

ステンレスタンクでの発酵のため、微生物がある程度抑制されるのでより少ない二酸化イオウの添加が可能になります。

亜硫酸塩が少ないと、醸成が早く、優しい軽やかな味わいになると推測されます。

〈2〉ギィ・ボカール（ムルソー）

イオウの燻蒸による二酸化イオウ添加のみ。

白ワインは81～141㎎／ℓと少し高めに添加されています。

昔ながらの木樽での発酵なので、微生物の種類と数が多くなるため、二酸化イオウを多めに添加し、異常発酵を抑えていると推測されます。

木樽での発酵は力と深みのある味わいになります。

〈3〉発泡ワイン

リシャール65～70mg／ℓ、ジャン＝マリー&エルヴェ・ソレール59～64mg／ℓと低くなっています。

発泡ワインは炭酸ガスによって酸度が上がるので自動的に微生物の活動は抑えられており二酸化イオウまたは亜硫酸塩の添加量が少ないと思われます。

〈4〉貴腐ワイン（EU亜硫酸塩許容量400mg／ℓ）

ソーテルヌのシャトー・オー・ベルジュロンで339mg／ℓです。許容量とともにソーテルヌも339mg／ℓと高くなっています。

貴腐ワインは貴腐菌によってブドウを腐らせると同時に刈り入れを遅らせ、糖度を上げるために水分を飛ばします。貴腐菌によって傷んだワインは腐敗しやすいので、発酵の段階で亜硫酸塩を加え、菌の活動を抑えます。

また、糖度が高いとワインは酸度が低くなり、ビン詰め後も腐敗することがあるので、さらに亜硫酸塩を加えます。私がこれまで日本で飲んだソーテルヌもすべて変質していました。

本来のおいしさとはまったく違っていました。

貴腐ワインはたまに食前酒として小さなグラスに50〜60㏄ほど少量だけしか飲まないので亜硫酸塩は１回の食事では339㎎／ℓの12分の１となり、亜硫酸塩の含有量が100㎎／ℓの白ワインを１／２本飲む場合より少なくなります。

〈5〉ヴァン・ジョンヌ（黄ワイン）

ヴァン・ジョンヌは微生物の活動を最大限引き出し、発酵・熟成を豊かにするために、亜硫酸塩を20㎎／ℓとごく低く抑え、さらにオーク樽にて約7年間完全に熟成させて、これ以上の熟成を抑えるために、もう一度少量の亜硫酸塩を加えてからビン詰めにします。

コルクをし、さらにそこを蝋で覆い、酸素・微生物の流入を抑えています。

また、抜栓後もフランスでは１ヵ月はそれほど味わいは変わらないとされています。

強い腐敗菌が多くいる日本では賞味期限は私の判断で半月としています。

蔵元からの説明には含まれる成分が極めて濃厚なために、飲む4時間前に抜栓して味わい醸成をさせます、とあります。

9 本来、土の恵みを豊かに含んだワインは人間を元気にする

私はフランスでワインを飲んで二日酔いになった記憶がありません。ワインも料理もおいしいのでいくらでも飲んでしまいます。自分でもあきれてしまいますが、深夜12時までの一晩に私ひとりで3本のワインを飲んだことがあります。しかし翌朝ちゃんと6時に気分爽快に起き、いつもの朝のように1時間以上、早歩きをしました。

このように、かなりの量を飲んでもハッキリと二日酔いと感じるほどの不快感に陥ったことは記憶にありません。むしろ、体にエネルギーが湧いてくるのです。これはあたり前のことです。ワインの元となるブドウはフランスの豊かな土の恵みをたくわえているのですから、細胞に良いものが多量に含まれているのです。またフランスの食べ物は豊かな栄養素を含んでいるので、アルコールからのダメージを受けにくいこともあると思われます。一緒に摂る食べ物の豊かな栄養素がアルコールを活発に分解し、飲んだ後の体調もとても良くなります。

10 かつてチリワインのモンテスは深い味わいを持っていた

チリワインのモンテスなど、日本に輸出され始めた頃は、二酸化イオウによって燻蒸され、

ビン詰めされて熟成した良い状態のものがあったと思われます。この当時は出荷時にコルクに注射針を差し込んで亜硫酸塩を添加していたようです。すでに樽で発酵させ、ビンに詰めたあと熟成させたものに、出荷時に注入していたのです。つまり、すでに熟成が進み、味わいの深さや個性がはっきりとできてからの添加で、充分にワインの味わいがありました。

この頃のワインは、栓を抜いて1週間も放っておくと亜硫酸塩が抜けて飲みやすくなりました。私も、何度か栓を抜いてから1週間ほどおいて飲んだものです。また、私のフランス料理教室では、かつて、牛の尾のオックステールを煮たりシチューに加える赤ワインには、モンテスを使っていました。亜硫酸塩は加えられていますが、比較的長い時間煮込むので、亜硫酸塩が抜けて力のあるおいしい深い味わいに仕上がりました。

11　ビンに詰める直前の亜硫酸塩の添加がモンテスの味を変質させた

それから何年くらい経ってからか、はっきりとは覚えていないのですが、モンテスの味は鈍重になり、栓を抜いて1週間おいても飲めるような状態には変化しなくなりました。おや、おかしいなと思いました。おそらく、樽で発酵したワインをビン詰めする直前に、大量のワインにまとめてより強力な亜硫酸塩を添加したのではないか、と推測していましたが、ある本でそれは事実であることを知りました。

このような早い段階で添加すれば、本来のワインの特徴が熟成によって醸しだされる前に、強い毒性によってかなりの微生物は死に、発酵・熟成は大きく不活性化してしまうでしょう。そして、以前のようにドメンヌごとの味わいや個性がなくなり、どれもこれも同じ似かよったあのえがらっぽいえぐい不快な味になってしまいます。

熟成がストップしたためにブドウの紫色がどす黒い濁った色となり、味わいも同様に鈍重なものになってしまいます。ビン詰めの前に多量の亜硫酸塩を添加すれば、何年休ませようが、ワインは望ましい方向に熟成はしていきません。ほぼビン詰め時の状態が続くのです。

またチリワインはとても濃密ですから、未熟なワインの紫色とどす黒さの混じったいかにも不自然な強い渋みを持った味になってしまいます。もちろん次第にフランス料理のソースの味が落ちていきました。

12 あまりに唐突な大手コンビニチェーンのスクリューキャップへの転換
——これを機に亜硫酸塩を許容限度近くまで加えることが広まったように思える

いつのことだったかははっきりとは覚えていませんが、ある大手コンビニチェーンのワインが、突然にコルクではなくスクリューキャップのブリキ栓に変わっていたので、ビックリしたことがあります。そしてビン裏の表示はいつの間にか、添加物が二酸化イオウから亜硫酸塩に変わっていました。

その大手コンビニチェーンのワインをプロデュースする高名なソムリエの方は、私が読んだ説明書のなかで「いくつかの問題をクリアしてスクリューキャップに変えることができた」と述べていました。もちろん、コルクであってもスクリューキャップであっても、ワインはこの高温多湿の日本では、どちらも早々と腐り始めるのだから、どちらでも同じかもしれません。

もっと大きな問題は、それまで腐敗を防止するため用いられてきた二酸化イオウに代えて、より強い発がん性を持つメタカリなどの亜硫酸塩を、高名なソムリエの庇護の下に、輸入ワインへより多量に加えることが一挙に広まっていったように、私は感じています。ワインが健康を害すなんて、誰も考えないでしょう。そこがとても怖いのです。その意味において、ワイン業界をリードする立場にある方々には、ぜひこの極めて高い亜硫酸塩の日本での使用量を再考していただきたいのです。

第 7 章

無菌ワインセラーでの保管を着想

1　最後の挑戦の思いにつき上げられる

イル・プルー・シュル・ラ・セーヌのような小さな会社にしては、ワインの輸入に大変なお金を使ってしまいました。ここが潮時かもしれません。社長の道楽だと考えている社員がいたとしても当然です。こうして一時はワイン輸入を断念しました。しかし、それ以来、大切なことをほったらかしにしているという後ろめたさを、ずっと引きずっていました。日本で本当においしく熟成したワインは、もう飲むことはできないのだと考えれば考えるほど、悔しくてなりませんでした。日本の食の偽りを正してきた、当の本人である自分が、健康でおいしいワインを実現させることをことを途中でやめるわけにはいかないのではないか、という思いが次第につのってきたのです。私は執念深いんです。

やがて、このままにしてほうっておいてはいけない、もう一度挑まなければならないという衝動が、私をつきあげ始めました。しかし、輸入を再開するにあたっては新たな視点から考え直さなければなりません。今までは保管のための場所を探していましたが、考え抜いた末にたどり着いたのは、無菌の状態の保管場所をつくってはどうかということでした。

2　無菌ワインセラーを開発して保管することに挑戦、後に特許をとる

一連のワイン輸入を通して、明らかになったことは、リーファー・コンテナで輸送しても、日本到着後にどんな場所に保管しても、コルクとビンの間からフランスにはない異種の微生物が侵入して劣化し、ワインは本来の味わいとは異なるものになってしまう、ということです。この事実をまず出発点にしなければなりません。

長い思考の後に思いついたのは、人為的に無菌あるいは極めて菌の少ない空間をつくればよいのではないかということでした。微生物を殺菌し、きれいな空気を循環させるワインセラーを考えついたのです。しかしその場合、さまざまな予測のつかない事態が考えられます。特に懸念されるのは次の2点です。

1つ目は、カーヴのなかには家つき酵母がおり、それがビン詰めされたワイン内にすでにいる酵母菌などとの共同作業で、特徴ある味わいをつくりだします。つまり、カーヴのなかではビン内にさまざまな微生物が流入、補給されます。しかし、殺菌されたワインセラーに保管すれば、滅菌された空気が循環するだけですから、豊かな熟成ができるのかどうか、これが一番大きな懸念でした。

2つ目は、たとえ庫内が無菌状態に保たれたとしても、カーヴとワインセラーとでは環境

はまったく異なります。ワインセラー内の湿度が下がってコルクが収縮し、多量の酸素がビン内に流入してワインが酸化し、ワインの味わいが薄まったりすることはないのか、本来とは異なる熟成になりはしないか。不安ばかりでした。

しかし、やってみなければわかりません。やろう、やるしかないんだと自分に言い聞かせました。

考えついた新しい無菌ワインセラーの原理はとても単純です。紫外線で殺菌された空気が庫内を循環するだけです。もちろん、紫外線はワインを変質させますから、ワインに紫外線があたらないように遮蔽します。庫内の湿度は80％に保つようにして、コルクの収縮を防ぎます。こうしてワインのために極めて菌の少ない空間をつくりだそうと考えました。

さっそく、冷蔵機器メーカーに相談しました。製作は難しくないとのことでした。考えた末、試験的に2台つくってもらうことにしました。1台に50本のワインが収納できます。このワインセラーは3年後に、特許が認められました。

3　5回目の輸入（2003年6月）
——愚かすぎる失敗。ワインの到着にワインセラーの製作が間に合わず

ワインセラーの図面ができあがるや否や、こりもせず、さっそくワインを取り寄せることにしました。しかし、愚かな失敗が待っていました。ワインを発注してから日本に到着するには早くて約3ヵ月弱かかります。ワインセラーの製作は、すぐに注文すれば2ヵ月でできるとのことでしたので、到着までに完成するものと考えました。しかし、物事は何事もそうたやすく進むものではありません。ワインセラーの製作がスムーズにいかず間に合わなかったのです。

そうしたなかで、ワインの到着です。ハムのカビが心配でしたが、ほかに保管するところもないので、しかたなく例の大谷石の地下採掘場跡に約1ヵ月置く羽目になり、その後に完成した無菌ワインセラー（写真37ページ）への保管となってしまいました。それまでの経験から、日本に到着してから1週間以内に無菌状態の場所に納めなければ、多量の微生物がビン内に侵入し異常発酵を起こし、ワインの味わいを変質させることは明白でしたので、私は大きな不安に包まれました。

何ともいい加減な、私の無計画性が招いた失敗です。あとは新しいワインセラーの力が、こうした失敗をカバーしてくれることを期待しました。

2003年6月12日、横浜港に入港後、ワインを無菌ワインセラーに保管できたのは、すでにほぼ1ヵ月経ってからになってしまいました。

無菌ワインセラーがどのような働きをしてくれるのか。祈るような気持ちでした。
無菌ワインセラーの庫内の条件は次の通りです。
温度　13度
湿度　80％（入庫前58％）
庫内の湿度が高めなので、とりあえずはコルクの収縮は心配しなくてよいようです。

4 最初の試飲の結果は不安だらけ

入港してから4ヵ月後、無菌ワインセラーに保管してから3ヵ月後の2003年10月、寝かせていたワインの待ちに待った試飲の時がやってきました。２つの銘柄の試飲の時の状態は次のようでした。

まず、ドメンヌ・ギィ・ボカールのムルソー・レ・グラン・シャロンを飲んでみました。コルク栓の2分の1までワインは上ってきていました。悪い予感がします。栓を抜いてから5分ほどは、味わいはバラバラでなく、かなりまとまりがあります。

13分ほどすると、味わいにかなりしまりがなくなったものの、20～25分ほどで再びしまりが出てきて、味わいは上向いてきました。過去4回にわたり輸入したものより、良くなろうという力があるような気もしますが、予測がつきません。

次に赤のコルトン・レ・ルナルド・グラン・クリュを飲んでみました。ラバー・ブション（ゴム製の栓）は少し沈み、3～4センチほどがワインに浸かっています。スッと抜けずに引っかかります。こちらも悪い予感がします。

でも、色合いはとても深く、ブルゴーニュの香りがあり、十分に味わいにまとまりと熟成感が出ていました。しかし甘みが出ていて、ビンの外からの腐敗菌の影響を感じさせます。全体的には香り、色合い、味わいには深さがありますが、きめの細やかさに欠け、少し鈍重感があります。この先どう変化するか、予想がまったくつかず、不安でした。

しかし、カビの侵入を感じさせるものがなかったことは希望を持たせました。

この後、何度か試飲しましたが10月までは特に希望を持たせるような変化はありませんでした。

5　1年後と3年後の試飲

無菌状態でワインを保管する新しいワインセラーは、その後どのような変化をもたらしたのでしょうか。1年後と3年後の試飲の結果をお知らせします。

1年後の試飲では、全体的に輸送による疲れがとれ、予想に反してまとまりがあり、深い味わいになっていました。

3年後の試飲では、味わいに甘みは出るものの、腐敗は著しく進んでいない。これまでで一番おいしい。含んでみると、酸味が全体をまとめきれずに、甘みが出ています。コルクを抜いた後、20分ほど経つと、甘みはさらに強くなっていきました。これは疑いもなく日本に到着してからビン内に侵入した腐敗菌の影響による変化です。ため息が出ました。しかし、3年という年月の間、無菌ワインセラーに保管したワインと、他の場所に保管したワインとでは間違いなく異なる熟成を続けたようです。何より他の場所に保管したものは腐敗が進行する一方ですが、無菌ワインセラーに保管したものは、幸いに味わいは3年前より全体として確実にバランスよく熟成していました。鈍重さがより小さくなり、香り、味わいに深みが出てきました。これまででは一番おいしかった。

6　長期保管の結果、無菌ワインセラーの効果を実感

無菌ワインセラーで保管した1年後と3年後のワインの良い変化は、そこで保管したワインへ侵入する腐敗菌の量が、それ以外の場所で保管したものより少なく、腐敗もかなり抑え

られたことを意味します。そして同時に庫内の紫外線によって、ビンから外に出た腐敗菌も死んで減少したのではないかと思われます。明らかな腐敗抑制の効果が認められたということです。

ここで得た確信は、日本に着いたワインをできるだけ早く無菌ワインセラーに保管すれば、ワインの腐敗の程度を抑えられ、十分においしい状態で保存することができるということです。しかし今回は無菌ワインセラーの完成の遅れによる微生物の侵入によって、どうしても収束できない甘みが出てしまいました。ワインセラー完成の遅れは本当に情けないことでした。

より良い熟成を促すには、1週間以内に無菌ワインセラーに保管しなければならないというのが、当時の私の結論です。

7　会社に余裕なくワインの輸入を中断する

効果が認められたといっても、決定的なものではありませんでした。そして試作とはいえ1台約100万円、こんな高いワインセラーを一体誰が買ってくれるんだ。もし注文があっても、メーカーでは多くを受けることはできないということでした。そして、それらのワインセラーのメンテナンスも考慮しなければいけません。考えるともう頭は破裂しそうでした。そしてその頃、会社には余裕がなく、確信がない状態で新たにワインを輸入するのは無理でした。

進むべき道は見つからず心は萎え、無為な数年が過ぎました。

しかし日本に着いてできるだけ早く、可能であれば1週間以内に無菌ワインセラーに入れてもっと明瞭に効果を確認し、その上に新たな推論を築くことが残っていました。何年かしてようやく重い腰が上がりました。

8　6回目の輸入（2010年12月）
——航空便で運び、輸送期間の長短などによるワインへの影響を検証

6回目の輸入では輸送期間や、日本に着いてから無菌ワインセラーに保管するまでの時間の長短により、微生物の侵入などが味わいにどの程度の変化を与えるかを検証してみることにしました。具体的に言えば、空輸によって輸送時間を最短にし、日本到着後６日で無菌ワインセラーに収納する、こんな試みです。

ブルゴーニュから温度管理をした小さなコンテナでワインを空輸しました。この便はペッ

トなどの動物を運ぶために、室温などほぼ客室と同じ条件に設定されています。単に手荷物として預けてしまうと、通常の貨物室は加圧加温されておらず、マイナス数度の冷気に長時間さらされます。そのためワインは劣化し、色、香り、味わいなどが少なからず失われ、味わいの全体的なボディーがかなり細くなってしまいます。今回の方法であればその心配はありません。

日本到着後、通関手続きを極力早く済ませ、6日目に無菌ワインセラーに保管することができました。そして6ヵ月おいてからの試飲です。以前輸入し、無菌ワインセラーで6年間保存したものよりも、味わいには透明感が、さまざまな要素にはコントラストがあり、深く優しく華やかで本当においしいものでした。

この時の試飲には6人が参加しましたが、全員がそのおいしさに驚き、幸せを味わいました。私も自分の考えの正しさを知ることができて、とてもうれしく幸福でした。この時は10本ほど飲んだのですが、誰ひとりとして翌日に二日酔いを自覚した人はいませんでした。

9　船便でワインが変質していく過程

今回のワインの輸入がもたらした結果によって、ひとつの推論が成り立ちます。船便の場合は、高温多湿のアフリカ西側を航行し、ケープタウンをまわり１ヵ月をかけて日本に到着します。

フランスのル・アブールを出港するとすぐに、フランスにはいなかった微生物が侵入し、日本に到着するまでの１ヵ月の間にワインの腐敗は進み、日本に到着するとさらに腐敗力の強い日本の微生物とともにワインの変質が急速に進んでいくのです。

一方、今回のような空輸の場合、揺られる時間も少なく、ワインの成分の混じり具合も軽度にしか損なわれず、また腐敗菌が侵入しても短時間のため腐敗はそれほど進まずに、日本に到着すると思われます。何よりもワインに甘みが出ていなかったことはその証であるといえます。

これは今まで誰も考えたことのない発見であり、確信となりました。

10　大量のワインを航空便で運び１週間以内に無菌ワインセラーに入れるのは非現実的で不可能

しかし、実際問題として大量のワインを航空便で空輸し、さらに日本に到着後１週間以内にそのすべてを無菌ワインセラーに保管することは、通関その他の手続きがあり、できない相談です。残念ですが、この無菌ワインセラーの試みも、絵に描いた餅でした。

もう終わりだ、可能性のあるものはもう何もない、残ったものは虚脱感と空しさでした。もう思いつくことは何もない。

どんなにしたって、フランスと同じおいしさのワインをこの日本で飲もうなんてとんでもない馬鹿げた望みだったんだ。

「もう終わりだ。ワインは終わりにするんだ」

言いようのない、空しさと虚脱感に襲われました。

それからずっと、何か自分の生き様をズタズタにされたような悲しさを引きずっていました。

6

column

フランスから輸入したワインのさまざまな成分の混ざり具合を復元させるために必要な時間

トラックや船による長い輸送の後、どれくらいワインを休ませればよいか、キャピタン・ガニュロの先代社長パトゥリスさんに聞いたことがあります。彼の答えは3ヵ月ということでした。パトゥリスさんはそれまでヨーロッパ以外にはワインを送ったことがなく、その範囲の経験からくる考えでした。

しかし、ヨーロッパ圏より遠いアジアの国々への輸送では、船だけでも1ヵ月近く揺られ続けます。3ヵ月である程度の味わいは戻りますが、それでも十分ではなく、私はこれまでの経験から6ヵ月が必要と考えます。フランスのカーヴで熟成した、幅の広いさまざまな成分の混ざり具合が、1ヵ月という長期の振動によってバラバラに壊されてしまうからです。

そのため、日本に着いた時点では香りも立たず味もなくザラザラな舌触りで、少しもうまくない間の抜けたワインに変質してしまいます。同じワインとは思えないほどに劣化しています。さまざまな成分が、もう一度、以前の状態に戻るのには、より長い期間、6ヵ月ほどが必要なのです。休ませる期間がさらに長いほど、ワインには本来の味わいが戻り、深く豊かな熟成をもたらします。

7
column

栓を抜く時の手の感触でワインの状態がわかる

1　ラバーのコルク栓でも空気の流通はある

無菌ワインセラーを開発してからの輸入では、キャピタン・ガニュロのワインのブション（栓）はコルクからゴム製のラバー・ブションに変わっていました。ラバー・ブションには大きな期待を寄せましたが、この時の輸入でも到着時に腐敗菌の侵入による異常発酵でガスが発生し、ビン内の圧力が高まり、ワインが上に浮いた痕跡があり、ラバー・ブションでも空気が流通することを確認しました。ゴムなのでコルクのように、腐ってボロボロになることはないのですが、普通のワインセラーではやはりワインは腐敗変質し、空気の流通の量はコルクとそれほど変わらないことが推測されました。

2　良好な状態のワインのコルク栓を抜く時の感触

良好な状態にある栓を抜く時には、手に次のような感触が残ります。ティル・ブション（栓抜き）を差し込む時に、しっかりと締めつけるような圧力があります。そしてコルクを引き抜く時に力を入れると、十分に重く、しかしプツンプツンというつっかかり感がなく、滑らかな重さを持って抜けます。これとは違い後述のような感触の場合、ワインに何か異常が起こっているのか、あるいは何かが起こりつつあるのか、その後のワインの状態を予測する手がかりになります。

コルク　ラバー・ブション

3　ワインが悪い状態の時のコルク栓

①コルクはつっかかりなく緩めに抜けたが、3〜4センチほど、ワインが上にしみ込んだ跡がある

- ワインの温度が上がってワインが膨張し、しみ込んだ跡の高さまで押し上げられた。
- ワインが腐敗してガスが発生し、ビン内の圧力が高まって膨張しワインがしみ込んだ。

②コルクがビンにこびりつき、ひっかかるように抜ける、あるいは完全にこびりついている

- ワインの温度が上がり膨張してビンとコルクとの間にワインがしみ込んだ後に乾燥した。
- ワインが異常発酵し膨張してコルクとビンの間にしみ込んだ後に乾燥した。
- 湿度が低くコルクが収縮し隙間ができたため、そこにワインがしみ込んだ後、渇いてこびりついた。

③コルクが乾燥して収縮し力を入れなくとも簡単に抜ける

- 空気の流通が激しく気が抜けている。ワインは酸化し、色、香り、味わいは薄まっている。

④コルクが柔らかく崩れやすい

- 菌により腐食している。当然、ワインにも菌が侵入し、腐敗がかなり進んでいる。

VOSNE ROMANÉ AUX RAVIOLLES

ヴォーヌ・ロマネ　オ　ラヴィオル

Vin rouge　ピノ・ノワール

2008

198ページ参照

青葉千佳子

ヴォーヌ・ロマネ・オ・ラヴィオルは
記憶の糸をたぐりよせる

濃い赤色　軽やかに透ける赤の魅力に惹きつけられる　陶酔するほどに
イチゴやピーチの甘酸っぱい味で　とてもフルーティ
恋のはじまりのような　ときめきと予感
ありのままの　素直な気持ち　純粋で美しく…
なのに　なんだか切なくなる　ファーストキスのような　青春から大人へ――

限りなく澄んでいる空　星空　宇宙
いつか　たどりつける場所があると　信じていた
少女だった　あの頃を思い出す……

女性らしい

初々しさと麗しさが不思議なバランスで共存している

時間とともに…
あたたかな光の中で　優しく　柔らかく　ぬくもりで包んでくれる
母に抱かれていた時のような…胸に顔をうずめたような…
心地よさを感じる　安らぎを与えてくれる

子どもの頃に食べた　クリームとコーンと慈愛に満ちた
クリームシチューを頬張る美味しい笑顔……

深い愛で生きる力を与えてくれるワイン

大人になって　美しき愛の世界を楽しむ。

スパイスをひとひねり効かせたエキゾティックな風味も快い

第 8 章

ついに執念が実り『奇跡のワイン』の 誕生

1　セロファンに包まれたマヨネーズの容器

「もう終わったんだ。もうできることは何もないんだ。ここまでやったんだから、自分をほめたっていいじゃないか」と、自分に言い聞かせながらの日々でした。そして何とかワインのことは忘れようとしました。

でも、いつも心の片隅にはワインがありました。

実際、新しく思いつくことは何もありませんでした。そして何年かが過ぎました。

ある時、スーパーでセロファンの袋に包まれているマヨネーズの容器を何気なく目にしました。

「この袋のようにカーヴのなかの空気は閉じ込められないのかな」

「ワイン発酵のためには酸素が必要だから、この袋のなかにカーヴのなかの空気を閉じ込めれば、カーヴ内と同じ環境を移入することにならないか」と思いました。

「酸素を通さないフィルムなんてあんのかな」

でも、その時は何気なくそんなふうに思っただけでした。

しかし、その考えは日増しに形をなし、もしかしたらと強まっていきました。そして今までとは違った心を揺り動かす感情が生まれてきました。そして、日本で旨いワインを飲む夢からは死んでも逃れられないと悟り、心は決まりました。

2 酸素を通さない袋にワインとカーヴ内の空気を一緒に詰め込む

長い思案の期間が続きましたが、やっぱり夢を忘れることはできませんでした。気体を通さない袋にビンを封じ込めれば、菌の侵入も防げるのではないか。微生物や酸素を透過させない素材で袋をつくり、このなかにワインのビンごと産地で封入するのです。そうすればワインの腐敗を防げるはずです。最良の方法としては、カーヴ内でカーヴの空気ごと袋に詰めてしまうのです。しかし、酸素を遮断する袋をつくることは可能なのか、シールして貼り合わせて密閉した場合、袋の内外の空気・微生物の通過をどの程度くい止めることができるのか。完全にか、ある程度にか。完全でないにしても、どれくらいの期間、微生物の影響を受けずに味わいを保てるのか。半年か、1年か、数年か。そして、実現するにはお金と時間がかかります。進むべきか否か、さまざまなことを考え、悩みましたが、考えるだけでは前に進みません。

袋にカーヴ内の空気を封入してシールすれば、袋のなかの空気や酵母などの状態はカーヴ内と似かよった条件になります。ビンの外からの菌の侵入を防ぐと同時に水分の流失を防ぎ、湿度の心配をすることなく、ワインにはカーヴ内と同一の環境、熟成の条件が与えられるのではないか、と考えました。

3　気体を遮断する素材探し
――クラレのエバールにたどり着く

気体を通さない素材があるのか、いくつかのメーカーにあたってみました。化学メーカーのクラレに「エバール」という素材があることがわかり、さっそく、同社に加工業者を紹介してもらい、相談が始まりました。

エバールは気体遮断性という機能を持った機能性樹脂で、品質の劣化を防ぐためマヨネーズなど各種食品包装材に広く使われています。フィルム1層のものと、フィルムを貼り合わせた2層のものがあり、2層のほうがより遮断効果があります。しかし、2層のほうはフィルムを2枚重ねるため、フィルム同士が完全に密着した状態でシールできるかどうか懸念もあり、1層と2層でどちらがよいか、選択を求められました。

メーカーにもわからないのだから、私にわかるはずもありません。清水の舞台から飛び降りるつもりで、2層のほうを選びました。これは結果として良い選択であったことが後にわかります。最低加工ロットは8000枚です。その値段もイル・プルー・シュル・ラ・セーヌには負担となるものでした。思い悩みましたが、賽は投げられました。発注の決断をしたのです。ついにワイン輸送・保管のための「酸素無透過袋」の誕生です（写真37ページ）。

4 袋詰めを快諾してくれた蔵元

次の問題が控えています。果たして依頼先のキャピタン・ガニュロなどの蔵元が、1本、1本袋詰めしてシールをするという面倒な作業をしてくれるのか、ということです。

電話をしました。先代のパトゥリスさんにおそるおそる事情を話し、依頼しました。しばらくは返事がありません。気をもみました。ところが話を引き継いだ息子のピエールさんが、この話を快く受け入れてくれたのです。胸をなでおろしました。これも私とキャピタンの間の長いつきあいと信頼があったからこそと思いました。

次に、こちらから加工会社に依頼してつくった長方形の「酸素無透過袋」を送り、当初は試験的に最も値段の安いラドワの赤・白と、ヴォーヌ・ロマネ・オ・ラヴィオル（赤）、オートゥ・コートゥ・ドゥ・ボーヌ（白）、計100本をシールして、輸出してもらうことにしました。まだ不確定なことも多くありましたが、今度こそはという期待感で心は躍ります。船便での輸送です。ワインが到着するまでの長かったこと。どんな結果が待っているのか、期待と不安の入り交じった日を過ごすこととなり、一日千秋の思いでした。

5　7回目の輸入（2012年5月）
——ついに「酸素無透過袋」に封入したワインが到着

2012年5月15日、ついにワインが到着しました。腐敗菌の侵入はないと思われるので、これまでのように、あわてて通関手続きをする必要はありません。通関後の保管場所は4ヵ所に振り分けることにしました。自社の輸入食材を保管している室温13度の倉庫、特許を取得した無菌ワインセラー、普通のワインセラー、そしてもう一ヵ所、東京・代官山にあるイル・プルー・シュル・ラ・セーヌのパティスリーの製菓工場にある10度に設定している業務用の冷蔵庫（チャンバー冷蔵庫）の4ヵ所です。このチャンバー冷蔵庫には野菜、卵、その他さまざまな食材が入っているので、最も微生物の侵入が危惧され、ワインが腐敗する可能性の一番高い保管場所です。もしここに収納したワインがフランスで飲むのと変わらない味わいを保持するならば、「酸素無透過袋」は確実に気体を遮断していることになり、他の保管場所のワインはまず問題ないと考えられます。

また、無菌ワインセラーには、5本だけ「酸素無透過袋」から取りだして保管してみました。もしこれと袋に入れたワインの両者が同じ味わいであったなら、この無菌ワインセラーは庫内への菌の侵入を防ぐ、信頼できる能力を持っていることの証明になります。

こうして「酸素無透過袋」の効果を観察することにしました。

6 保管したワインはこれまでとはまったく異なる爽やかさ

いよいよ「酸素無透過袋」の効果を試す時がきました。ワイン到着から10日後に試飲を行いました。最も気がかりだったことは、袋が完全にシールされているかどうかです。不完全であれば、船旅の途中で微生物が侵入しています。期待と不安が入り混じります。

最初に一番悪い条件にあるパティスリーのチャンバー冷蔵庫に保管しておいたラドワを飲んでみました。赤と白ともに試飲しました。

まず驚いたのは、これまでの輸入で到着時に必ず感じられた、輸送途中の振動による成分の混濁によって起こると考えていた鈍重な不自然で不快な味わいが、一切、感じられないことでした。これはまったく予想していなかった、心高まる発見でした。

また、酸味と甘みがバラケていて、甘みに軽いザラザラ感がありましたが、味わいの外には出ておらず全体としてはこれまでにない透明感が感じられます。これまでのワインの味わいとはまったく異なる、軽さと爽やかさを感じる味わいでした。安堵と同時に良い方向に変化する期待が膨らむ試飲となりました。

7　25日後の試飲で『奇跡のワイン』の誕生を確信

到着25日後に再び、パティスリーのチャンバー冷蔵庫に寝かせておいたラドワを試飲してみました。今回も予想をはるかに超え、すでに酸味と甘みのバラケはほぼなくなり、味わいは滑らかで甘みも外に出ておらず、渋味はありませんでした。何よりも以前に輸入したワインでは得られなかった、フランスで飲むのと同じように酸味がすべての味わいをまとめています。これも予想もしていなかった驚くべき変化でした。

さらに、これまでと違うのは、繊細な芯のある一つひとつの香りがはっきりと顔を出し、味わいにコントラストと華があることです。航空便で取り寄せて無菌ワインセラーで保管したワインもとてもおいしかったのですが、いま飲んでいるラドワと比べればそれも透明感の欠ける混濁した香りと味わいだったのです。その違いがはっきりとわかりました。

栓を抜いて15～20分で全体の味わいに丸い厚みが出てきました。色はきれいな透明感のあるブルゴーニュの深い紅色です。
ひと口飲み干すと、私は武者震いしました。「今度は確かだ」。
ここに『奇跡のワイン』が誕生したのです。

8　甘みが外に出た味わいは、異常発酵によるものと考えられる

日本に到着したワインに甘みが出てくる現象が、ただ単に1ヵ月にわたる揺れによるものであるならば、今回もまた甘みが出ていたはずです。しかし、今度はこれまでとはまったく異なり、酸味が全体をまとめていました。ということはビンのなかで異常発酵が起きなかったことと同時に、異常発酵が外に出た甘みをつくりだすことを意味します。

すべての輸入で常に一番劣化していたブルゴーニュワインのコルトン・シャルルマーニュでも、今回は甘みが出ていません。これまでのコルトン・シャルルマーニュの甘みも、到着以前にビン内に侵入した微生物の異常発酵によるものだったのではないか、と考えられます。

9　1ヵ月後の試飲
——これぞ20年以上にわたり追い求め続けてきたワインだった

1ヵ月後の試飲です。コルクを抜く時の手の感触によって、ワインの状況が予想できることは108ページのコラムで紹介しました。緊張と不安のなか、コルクを抜く手の感触に感覚を集中させます。緊張しながら栓抜きを刺してコルクを抜きます。とても怖い瞬間です。でも、つっかかることなくスムーズに適度な重さを持って抜けました。大丈夫だ、まず安堵感が走ります。

いよいよ試飲です。グラスを傾けてワインを注ぎます。ダラダラした流れ方でなく、透明感、固さ、弾みを持ってグラスに注がれていきます。これも良い状態の証明です。「よーし」。私の心は叫びます。

色合いも良し。香りも豊かに立ち昇ります。少量を口に含みます。「おおっ」と心のなかで叫びました。甘みは出ていない。それ以外の味わいが分離したザラザラ感も微塵もありません。軽く弾むような酸味が味わい全体を包んでいます。香りは心地よく鼻腔をくぐり抜け脳髄に達します。しまりがあって爽快です。

ワインは、小川が山里の草原を静かに流れるように、少しもつっかかることなく喉を通ります。豊かなブドウの恵みをさらに豊かにしたワインに体が喜んでいます。五感が幸せに包まれます。

10分後。2杯目を注ぎます。もう味わいのバラツキはなく、さらに色合いは力強く深みを増していきます。1杯目では一つにまとまっていた香りが、はっきりと幾重にも分かれて顔立ちがはっきりとし、交互に重なり合い絡み合いながら迫ってきます。甘みが分かれることなく、味わいは一つにまとまり、膨らみと厚さを持って大きな流れとなり、ワインが五感に迫ります。「ん〜ん、いいぞ、いいぞー」。私の五感も応えます。

20分後。色合いは芯のある透明感を含んだ濃厚さを持って広がります。香りはさらに膨らみを増し、そこに揺らめきが加わります。味わいも力強く豊かな膨らみを持って舌を浸します。舌触りに、柔らかいビロード感が少し出てきました。成分の密なワインほど、このビロードの感触が厚くなります。何のつっかかりもなく、優しく喉を通っていきます。「ん〜ん、ますますいい」。私はうなります。「やったぞ」と心のなかで叫びました。

10 世界のワイン史上初めて、遠隔地への輸送に画期的な効果を生んだ「酸素無透過袋」

輸送途中の振動によるワインへの影響は、到着地で休ませることによって、もともとの成分の配列に復元させることができます。しかし、コルクとビンの間からの微生物の侵入による変化には、防ぐ方法も元に戻す方法もありませんでした。しかし、「酸素無透過袋」での輸送法の考案によって、カーヴの空気ごとビンを袋に入れて封入することで、カーヴと同じ環境で輸送・保管することが、ワインの歴史上、初めて可能になったのです。

「酸素無透過袋」に封入しての初めての輸入。コルクを抜く時の適度に重くスムーズな感覚、そしてその味わい――、私はこの輸送、保管方法に確信を持ちました。あとは経過とともに、どのようにそれらが変化していくか、ということです。

これまでの経験で、すべての輸入ワインは3ヵ月でその個性がうっすらと出てきて、6ヵ月経つとかなりはっきりと見えてくることはわかっています。さらに長く寝かせるほど味わいは深さを増していきます。これから長期にわたる保存の変化を見ていかなければなりません。

8

column

ワインの栓を抜いた後の味わいの変化とそのピーク

1　良い状態のワイン

味わいのピークとはどのような状態のことでしょうか。コルクを抜いた後、空気が流入し酸素と触れ合うことでワインの成分は急激に変化し、同時に味わいも急激に変化していきます。やがて、酸素による大きな化学変化が落ち着いてくると、突出した味というものがなくなり、さまざまな要素がまるくなって連なり、味わいは一体感のある膨らみを持ってきます。次第に強さから優しさを伴うバランスのとれたものとなり、変化のピークを迎えます。以後の変化はとても緩やかになります。

抜栓してからピークに達する時間は、キャピタン・ガニュロのワインでは25~30分、ほかのボルドーやブルゴーニュの場合、銘柄によってその時間は異なります。成分のより濃密なボルドーのワイン（シャトー・ヴィユ・シェヴロール）は、飲む2時間前に栓を抜いて、飲み始めてから60分を過ぎてからピークがきます。また、スイス国境に近いジュラ地区のヴァン・ジョンヌ（黄ワイン）は飲む4時間前に抜栓するようにと蔵元からの説明にあり、抜栓後1ヵ月はおいしく飲めるとあります。このように、ピークのくる時間の長さは銘柄やワイン1本ごとに異なります。

2　亜硫酸塩が多量に加えられている場合と腐敗している場合

亜硫酸塩が多量に加えられている場合。酵母菌等はかなり死ぬか不活性化していると同時に、ワインの成分も亜硫酸塩により劣化し、不活発な状態にあるので、コルクを抜いても急激な変化は起こりません。

すでに微生物によって変質している場合。ワインは空気の流入とともに充満した腐敗菌と分泌物が活性化して、ゆるやかに変化します。また赤ワインの場合、亜硫酸塩が少なくすでに腐敗したワインは、色合いは深い紅とは異なる、しまりのないくすんだオレンジ色になり、香りもやはりしまりのないリンゴ酢のような匂いとなります。そして味もだらけてえぐくなり、甘みが全体を包み爽快感がまったくない状態となります。

9
column

試飲時に注意すべきこと2つ

私が、ワインの試飲時にまず注意するのは、108ページのコラムに述べたようにコルクを抜く時の感触と、「甘みが出ずに軽い酸味が全体をまとめているか」。この2つです。味わいに甘みが出ているのは、揺れによるさまざまな成分の本来の混ざり具合の破壊によるものだけでなく、カーヴ内に生息していた微生物以外の微生物の侵入による腐敗のためです。これは、これまでの経験による私の確信です。

ワインは色合いも大切です。ワインの状態は色合いに表れるからです。グラスに注いだ時に、ワインの一番外側の色合いの薄い部分にオレンジ色が混じっておらず、しまった薄い紅色であることが大事です。

甘みが出ている場合は特にこの周りの色の薄い部分の色合いにしまりがなく、オレンジ色が入っていることがほとんどです。また、到着後1ヵ月ほど経てば、ワインの色合いがある程度深くなるのはよいのですが、あくまでも透明感のあることが大事です。少し濁った濃い色合いになっている場合は、微生物が侵入していることが考えられます。

10

column

カーヴからワインを移動すればフランス国内でも変質は起こる

──三ツ星レストランで体験した変質ワイン──

たとえばフランス国内など原産国内に限った輸送であるならば、ワインの変質は起こらないのでしょうか。フランス全土にわたって同一の微生物が生息しているわけではありませんから、もちろん、そんなことはありません。カーヴを出たワインには、カーヴ内とは異なる微生物が侵入する可能性があります。たとえば、私自身フランスの三ツ星レストランで、しまりのない酸味を伴ったワインを出されたことがありました。ただ、フランス国内であれば、似たような性質を持つ菌が侵入してくるわけですから、比較的、味わいの変化は小さいようです。

「酸素無透過袋」は、袋のなかにカーヴ内の環境条件をそのまま封入してしまうものです。これまで飲んだ限りでは、フランスで飲むワインよりも望ましい熟成をしていると思われることもありますし、実際、日本で飲むこの『奇跡のワイン』は素晴らしい味わいです。

11

column

ビオワインも「酸素無透過袋」に入れて輸入すれば真価を発揮できる

無農薬栽培によるビオワインに触れておきます。以前、有名なソムリエの方がテレビなどで「ビオワインは駄目ですね」という発言をしたのに対し、輸入業者はその無理解を非難しています。

もう皆さんにはおわかりと思います。無農薬栽培であれ農薬栽培であれ、どちらにせよワインが腐敗してしまえば飲めたものではありません。大差はないにしても無農薬のビオワインのほうが腐敗は少し早いのかもしれません。でも、農薬を使った普通のワインだってすぐに同じようなものになってしまいます。

では両者の味わいに違いはあるのでしょうか。化学肥料や農薬が使われていないブドウからつくられるブドウジュースには微生物の活動を抑える化学物質が含まれていないのですから、ビオワインの発酵は早く進むでしょう。その結果、ワインの色、香り、味わいは、やさしく透明感があるものとなります。
フランスの地で飲んでみればビオワインのおいしさは識別できるでしょう。しかし、ワインが腐敗する日本では、亜硫酸塩の極めて少ないキャピタン・ガニュロのワインが著しく腐敗したように変質するでしょうし、ビオでないワインとの違いを見分けることはできないと思います（味わいだけを考えればビオとキャピタンのワインとはほぼ変わらないと思われます。現当主のピエールさんは、できあがったキャピタンのワインには亜硫酸塩はほとんど残留していないと教えてくれました）。

しかし、ビオワインを「酸素無透過袋」に入れて日本に輸送し熟成させれば、ビオワインの本来の姿を見ることが、必ずできるはずです。このことを証明するためにいずれはビオワインの輸入も考えたいと思います。

実はキャピタン・ガニュロではほとんど農薬を使っていません。ですからビオワインの認証を受けようと思えば、すぐにも認証を受けることができます。しかし、その手続きなどに要する手間と費用を考えると大変です。現在でも十分な評価を受けているので、ビオワインの認証を受けようとは考えていない、ということです。

第 9 章

『奇跡のワイン』が覆した
私のイメージ表現

1　過去の輸入ワインとはまったく異なる味わいに熟成

　私は、これまでワインの香り、味わいのイメージを私なりの言葉で表現してきました。たとえば、キャピタン・ガニュロのブルゴーニュの赤ワインの最高峰とされるクロ・ヴジョ・グラン・クリュについては、「すべての感覚が、この深いなまめかしい香りと味わいに吸い込まれます。ローソクの光に揺れる深紅の揺らめきは、熱く静かに波打ち、つい今しがたの日常から情念の世界へ意識を運びます」と。

　また、白ワインのコルトン・シャルルマーニュ・グラン・クリュは、「カジキマグロとの死闘をようやく終えた老人とその小舟が、黄金色の夕日に映える海に包まれる、あのヘミングウェイの『老人と海』の光景に重なります」。こんなふうに表現していたのです。そして、それは『奇跡のワイン』を生み出す前の、私なりの精一杯の表現でした。

　「酸素無透過袋」にワインを封入して日本に運び、３ヵ月、半年、１年と、時の経過とともに、私がそれまで表現していたこれらの味わいのイメージが鮮やかに浮かびあがるものと期待し、待ち焦がれていました。しかし期待した味わいは一向に現れないのです。それらのイメージを思わせるような似通った味わいは見えているのですが、まったく異なる味わいに熟成してきているように見えるのです。『奇跡のワイン』以前のワインで私が得たイメージは、やはり本来の発酵によるものではなかったのです。しかし、今、私の目の前にあるワインは前年の秋にキャピタン・ガニュロのカーヴで飲んだ味わいに、たしかに近づいている、この日本の地では未だかつて誰も経験したことのない味わいを経験をしていることに確信を持ち、私の心は高鳴りました。

2　微生物の侵入は大きく味わいの表情を変えてしまう

それにしても、同じワインが微生物の侵入や保管の状況によって、これほど顔立ちを変えてしまうことに、あらためて驚きました。以前「黄金色の夕日」と表現したコルトン・シャルルマーニュの味わいも微生物の侵入によってつくられたものであり、同様に『奇跡のワイン』もまた微生物によってその味わいがつくられます。侵入する微生物の違いによって、こんなにワインの顔立ちが変わるのです。

『奇跡のワイン』が他のワインと異なるのは、さまざまな繊細な香り、味わいが一つひとつ解きほぐされ、流れるような透明感のある味わいとなって五感に迫ることです。『奇跡のワイン』以前のワインは変質した香りが鈍重に絡み合っていて、繊細で芯のある幾筋もの香りなんて、感じることができませんでした。これまで私は蔵元が示している味わいに関する説明書の意味がまったく理解できませんでした。

でも私の感覚は間違いではなかったのです。『奇跡のワイン』が生まれる以前のワインのイメージに関する表現は正しく、間違ってはいなかったのです。

3　ドメンヌのパンフレットのワインの味わいの表現の一つひとつが認識できる驚きとうれしさ

しかし今、『奇跡のワイン』を前にして蔵元のワインの特徴を記したパンフレットの表現が、一つひとつ実感を持って納得できるのです。スミレのような華やかな香り、黒スグリの香り、白い果実の芯のある香り、男性的な固い味わい――、これまで理解できなかったこうしたさまざまな表情が、今、鮮やかに浮かびあがります。

それぞれのワインを飲む時、私は蔵元のパンフレットの字句とワインの味わいを確かめながら、心に刻みながら飲んでいます。思いを深めれば深めるほど、幾筋もの香り、味わいが見えてくるのです。でも私の感覚は、未だこの味わいの何分の1もとらえきれていないでしょう。これからさらに飲むほどに、心のなかに新たなイメージが喚起され、もっとはっきりとそれぞれのワインの表情が描けるようになるはずです。

ですから、これまで『奇跡のワイン』以前の変質したワインを元にして表現してきたワインのイメージは、ここで取り下げます。

『奇跡のワイン』から浮かんできた新たなイメージを以下の2つのワインについて記します。


ヴァン・ジョンヌ（黄ワイン）　シャトー・ダルレージュラ

このワインも私の大好きなワインです。

以前は正にザラザラの甘み・舌触り、それでも個性の力を感じさせる味わいでした。

『奇跡のワイン』のヴァン・ジョンヌはまったく異なる味わいでした。

ドメンヌからの資料には、ヘーゼルナッツ、砂糖漬けフルーツ、トゥリュフ、しょうが、モカなどの香りが重なるとあります。

口に含むと力のある、でも繊細な、フランスのワインらしからぬ、斜に構えた香りが静かにでも熱く感覚に語りかけます。その表情に私の心は小さく「ああっ」とつぶやきます。

冷静な味わいのなかにヘーゼルナッツ、その他の香りが私の心を見つめています。

何という豊穣、何という繊細さ。心に深くしみ入る味わいです。

サビニュイ・レ・ボーヌ（赤） キャピタン・ガニュロ―ブルゴーニュ

このワインは私の大好きな赤ワインのひとつです。価格は６０００円台ですが、ブルゴーニュワインの最高峰といわれる、クロ・ヴジョやエシュゾーにも負けません。

ドメンヌからの資料には「スミレの香り」とあります。

「酸素無透過袋」で輸入する以前は、そのくすんで鈍重な色、香り、味からすみれの花の香りを想像することはできませんでした。

鈍重、鼻も舌も感覚も楽しさのない重さを感じました。

『奇跡のワイン』のサビニュイ・レ・ボーヌは正にすみれの花を鼻に近づけ愛でるかのようです。

香りは明るく軽やかに乙女の息吹のごとく立ち昇り、幾筋もの異なる繊細なすみれの香りが優しく、でも力をもって感覚のすべてを包み込みます。思わず私の心は陶酔の世界に引き込まれます。

実際のすみれの花よりも、もっとかぐわしいすみれの花が浮かびあがります。

第 10 章

独創的なアイデアが認められ 日本とEUで 「酸素無透過袋」による輸送システムが 特許を取得

イル・プルー・シュル・ラ・セーヌは、ワインの品質を一定に保つ「酸素無透過袋」による輸送システムの特許を、日本とＥＵで申請することにしました。フランスの特許事務所の感想としては、これは今まで誰も考えたことのない発想であり、受け入れられる可能性が高い、ということでした。大きな希望を抱かせるものでしたが、特許の取得には長い時間が必要でした。

実際には、日本では特許庁に申請してから5年後の２０１３年に、ＥＵでは欧州特許庁に申請から3年後の２０１５年に、特許が認められました。これまで世界のワイン史上、誰も思いつかなかった画期的な考えです。この日本でフランスの地で飲むような味わいのワインを飲みたいと、さまざまに手を尽くしてから20年以上の歳月が過ぎ去りました。

特許取得までの道のりはあまりにも長く困難の連続でしたが、ワイン史上初となることをなすには、決して過重なものでなく、むしろあたり前のことだったのかもしれないと、今は考えています。

でも、誰も踏み入れたことのない領域にようやくたどり着いたことを実感したのは、文中と本書末尾に紹介した『奇跡のワイン』を賛美していただいた青葉千佳子さんの手紙を読んだ時でした。

12

column

宅配輸送の際の振動がワインに与える影響を調べる

『奇跡のワイン』の販売にあたってなすべきことの一つは、私どもの倉庫からお客さまに届ける際のトラック輸送による振動がワインに与える影響の検証です。そこで、熊本と名古屋に住む知人に、赤・白各3本を宅配便で送り、到着後、すぐに送り返してもらうことにしました。東京から送るので本州内であれば翌日に到着しますが、九州の場合は翌々日の到着となります。そして返送され戻ってきたワインを、半月後、20日後、1ヵ月後に飲むことにしました。

その結果、ダメージは思ったよりも大きく、味わいの回復には、名古屋で半月、熊本で20日かかりました。回復が確かになるように、少し長く見て本州内なら20日、九州なら30日休ませれば、ほぼ確実に味わいは戻ると思われました。

もちろん、長く休ませれば休ませるほど味わいは回復し、さらに深く熟成

していきます。しかし、休ませる時間がこれだけ長いと、大きなワインセラーやカーヴなどのないレストランやビストロではストックする場所もなく、休ませるほど回転率も悪くなって原価を押し上げてしまうので、良い状態になるまで十分な休息をとらせることはできないでしょう。

普通のレストランなどではどうしても長期の保存はできないでしょう。このためレストランを主とした販売は断念しました。原則として長い保存が可能な、家庭で飲む一般のワイン愛好家を主な販売の対象に限定しました。

13
column

ギィ・ボカールのワインを入れた「酸度無透過袋」が真空にしたようにビンにへばりついた

「酸素無透過袋」に封入したキャピタン・ガニュロのワインの1回目の輸入から1年、この輸送方法に自信を持ち、ほかのドメンヌのワインも輸入し始めました。次はブルゴーニュのムルソー村の、大好きなギィ・ボカールのワインです。「酸素無透過袋」への封入をお願いして快諾してもらい、ギィ・ボカールからもワインが届きました。

到着時にはキャピタン・ガニュロのワインの場合とは違いはないように思えました。袋のなかにゆったりと空気とともにビンが入っていました。

しかし、6ヵ月ほど過ぎた頃、「酸素無透過袋」がピタッと袋にへばりつき、まるで真空パックのようになっていました。予想もしない変化に驚きうろたえました。

急いでワインの味わいを見ましたが変質している様子はなく、味わいはやはり素晴らしく、ホッと胸をなでおろしました。

しかし、そうなった原因はわからず、しばらく様子を見るしかありません。袋はずっとビンにへばりついたままで、ワインはさらに深さを増し、素晴らしい味わいに熟成してきたようです。

どうしてか考え続け、私なりの結論が出ました。

現在はフランスではステンレスの槽での発酵が多いのですが、ギィ・ボカールは現在も昔ながらの木の樽での発酵です。

木の樽ではより多量・多種の微生物が活発に活動し、より多種の酸素が必要となると考えられます。しかし、ほかの木樽仕込みのワインの袋はビンにへばりついていません。考えられるのは1つ。ブドウ、発酵樽、そしてカーヴに棲みついた微生物の特異性。つまりギィ・ボカールのワインのなかに酸素をより多く必要とする微生物がいると思われます。これが袋内の酸素をビン内に引き込んだのではないかと考えるようになりました。これは正にワインの発酵・熟成には、それぞれドメンヌのワインに棲息する微生物の種類、量によって異なるものの、かなりの量の酸素が必要であることを示しています（注＊）。68ページ参照。

このようなことは「酸素無透過袋」がなければわかり得なかったことです。

＊微生物の棲息には常に酸素が必要ですが、アルコール発酵そのものの過程には酸素はいらないとされています。

第 11 章

これまでの腐敗したワインは誤った常識をはびこらせていた

1　『奇跡のワイン』をおいしく飲むために
——日本の間違った常識

これまで日本人は腐敗した、あるいは多量に亜硫酸塩が加えられた鈍重な味のワインしか知りませんでした。そしてその鈍重なワインは、さまざまな常識を生んできました。これらは腐敗し、亜硫酸塩の多いワインをもとにつくられた常識であり、『奇跡のワイン』にはあてはまりません。また、その固くザラザラしたい味わいが、ワインの取り扱いをぞんざいにさせたように思われます。『奇跡のワイン』を楽しんでいただくために、次のような点に注意してください。

〈1〉ワインの状態、味わいに関する常識の誤り

✕ 常識1　ワインはビンテージで選ぶ
——「酸素無透過袋」でフランスから運べば、その味わいは確保される

もう皆さんはすでに理解しています。

いくら素晴らしいビンテージワインでもこの日本に来れば腐敗・変質し、おいしさを失い

ます。ビンテージものを選んでも意味がありません。しかし、「酸素無透過袋」に入れてフランスから運べばビンテージの実力は確保されます。

✖ 常識2　ワイン、特に赤ワインには渋みや苦みがある

キャピタン・ガニュロの銘柄のなかにも、たしかに渋みのあるワイン（ヴォーヌ・ロマネ・オ・ラヴィオル）が1種類だけありますが、ほかにはありません。また、その渋みは軽やかで心地良いものであり、日本で手にする不快なワインの渋みとは違います。日本で飲んでいるワインの場合は、腐敗しているか、亜硫酸塩が多量に加えられているか、どちらかです。どちらの場合も、ワイン本来の味わいではありません。本来のワインにはこうした引きずるようなえぐみの混じった渋みや苦みはありません。わざわざ渋みや苦みのあるワインを好む人がいますが、旨くもなく体にも悪いものを、気取って飲む必要はありません。

✖ 常識3　赤ワインの黒みがかったレンガ色は、望ましい熟成の結果である

まったく透明感のない黒みがかったレンガ色の赤ワインを目にしますが、これは腐敗の結果です。しかも腐敗度はかなり進んでいます。もう飲める代物ではありません。飲めば翌日には感覚が重くなり、麻痺した不快感にとらわれます。

常識4　アルザスの白ワインは甘口

もちろん、ゲヴェルツトゥラミネールのように貴腐ワインで甘口のものもありますが、本来のアルザスワインは酸味が味全体をまとめ、味わいに統一感があります。日本ではアルザスワインの知名度の低さから販売の回転が悪いため、異常発酵が進むと同時にコルクが乾燥し緩み、味わいがビンの外に逃げて、まったく間の抜けた甘さだけの液体となっています。

本来は短いフレッシュ感のある酸味を持つアルザスワインのひとつであるリースリングも、日本に来て1年もすれば気の抜けた甘い砂糖水に変質してしまいます。少なくないレストランで、アルザスワインが甘口とワインリストに記載されているのを目にしています。

常識5　味わいの濃いボルドーワインは、熟成すると黒みを帯びてくる

そんなことはありません。微生物の影響を受けない『奇跡のワイン』は熟成が進んでも、色合いは濃くても透明感のあるブドウ色が残っています。醤油色に黒ずみ、醤油が混じったような味になっているのは、異常発酵によるものです。もちろん、そうなると必死でグラスを揺すっても香りは立ちません。『奇跡のワイン』はコルクを抜くと同時に豊かな深い香りが幾重にも立ちのぼり、時間とともにその力を増していきます。

✕ 常識6　残ったワインはポンプで空気を抜いて保存する

残ったワインはポンプで空気を抜いて酸素と触れないようにして保存するのが常識となっています。しかし、亜硫酸塩の多い腐敗したワインのビンからポンプで空気を抜いても、効果はありません。ひとたび栓を抜いて空気が流入して活動の活発になった腐敗菌の力は弱まらず、一週間もすれば味わいはさらにひどくなります。亜硫酸塩の多いワインは、空気を抜いても抜かなくてもあまり違いはありません。

しかし、『奇跡のワイン』には腐敗菌はほぼいないので、抜栓によって空気が流入しても腐敗は進みません。実際に、2本のワインの栓を抜いて残し、1本は空気を抜き、もう1本は抜かないでコルクを差すだけにして1週間おいても、両者の味わいにほとんど違いはありませんでした。

〈2〉ワインの取り扱いに関する常識の誤りと注意点

ワインの取り扱い方でも間違った常識が流布しています。特に衝撃に対する配慮が薄く、それがワインの扱いをぞんざいにしていると思われます。

良好な状態のワインは衝撃にとても弱く、成分の混じり具合が崩れやすく、味わいは壊れてしまいます。ちょっとのドスンとした衝撃を与えただけでも味わいを取り戻すには、2、

3日休ませなければならなくなります。

注意点1　ワインをテーブルに運ぶ時も揺らさないように静かに運ぶ

衝撃を与えないために、注意深い取り扱いが必要です。

注意点2　栓を抜く時は注意深く抜く

栓を抜く時は、できるだけビンが動かないようにしっかり押さえます。そして注意深く栓抜きを差し込み、少しずつ慎重に引き上げ、ポンと音を立てないように抜きます。

ヴァン・ジョンヌ（89ページ）にはコルクの上に蝋が引いてありますが、これをナイフなどで叩いて崩してはいけません。強い衝撃によって味わいが壊されてしまいます。必ず丁寧にナイフで少しずつ削り取ってください。

注意点3　グラスの上からジョボジョボとグラスに注がない

必ずグラスを持って、斜めにしてグラスを伝わらせて静かに注ぎます。成分の濃厚なボルドーワインも同様です。パリでボルドーワインを一杯飲みさせてくれるチェーン店「レクリューズ」のワインリストにも、グラスを伝わらせて優しく注ぐことがイラスト入りで描かれています（38ページ参照）。

注意点4　ワインはたっぷりと注がない

ワインはグラスにたっぷりと注がずに、ゆっくりと2、3口で飲み干せるほどに少なめに注ぎます。次に述べるように注ぎ足しをしないようにするためです。

注意点5　注ぎ足しをしない

まだグラスにワインが残っているのに、注ぎ足しもいけません。必ず飲み干してから注ぎます。

グラスに注がれたワインとビンのなかのワインの変化の違い

グラスに注がれたワインは、静かにグラスの内側を伝わらせて注いでも、かなりのダメージを受け、急速に味わいが望ましくない方向に壊れていきます。ビン内のワインは、ゆっくりと酸化して成分変化が起こり、味わいのピークを迎えるまで深く良好に変化していきます。

グラスにはあまり多くを注がず、また注いだワインは5分ほどで飲み干し、長く置かないようにします。ワインにできるだけ衝撃を与えることなく、香り、味わいの微妙な変化を味わってください。

注意点6　デキャンタは決してしない

デキャンタは決してしません。どんなにやさしくデキャンタをしても、さまざまな成分の混ざり具合は大きく崩れてダメージを受け、味わいを損ねます。デキャンタをする本来の目的は、味わいが特に濃厚なワインは長い時間とともにビンの底に澱(おり)ができ、微妙な舌触りを壊すことから、これを取り除くためです。私は少しばかりの澱は気になりません。良い状態のワインを味わうことのほうが大切です。ですから私の場合、自分からデキャンタをリクエストすることはありません。

なぜ日本では頻繁にデキャンタをするのか

では、なぜ、日本ではデキャンタが行われるようになったのでしょう。すでに記したように、日本ではどんなワインでも時の経過とともに、腐敗が進みます。ドブ水と言ってもよいようなワインを出された経験が何度もあります。他方、最近ではより強い亜硫酸塩が多量に加えられた不快な味のワインが増えています。

デキャンタによって、ワインに無理やり衝撃を与え空気を送り込み、不快極まりない香り、味わいを少しでも追いやろうという考えです。でもデキャンタしたからといって、味わいが良くなるものではありません。ほんのちょっと不快さが薄まるだけです。でも少なくないソムリエや愛好家は、それをデキャンタの効用と信じているのです。

注意点7　ワインが注がれたグラスはぐるぐる回さない（スワリングはしない）

ワインを出される場に居合わせると、必ず何人かの方が執拗にグラスを回し続けるスワリングするのを目にします。もちろん、本来の味わいを持ったワインは、2〜3度、強くグラスを回しただけで、味わいが壊れてしまいます。

それでは、なぜ執拗に回し続けるのでしょう。一つはデキャンタと同様にワインから不快な成分を追い払うためであり、もう一つは腐敗したワインや亜硫酸塩を多量に含むワインは香りが立たないため、揺らすことによって強制的にわずかでも香り立たせるためなのです。

しかし、本来の味わいを持ったワインはコルクを抜くと同時に、一気に鮮烈な香りが立ちのぼります。揺らすことなどまったく必要ありません。

第 12 章

日本のワインに真実を取り戻そう

1　それにしても不可解な日本で世界ソムリエコンクール開催

1995年、大分前に、通常はヨーロッパで行われていたのに、日本でソムリエコンクールの国際大会が行われたことがありました。

日本人ソムリエが優勝して、日本でも一気にワインブームが起こりました。この本ではすでにこれ以上ない詳しさで外国のワインが日本に到着した時の状態を述べてきました。

1ヵ月以上を要する船便では、ワインのそれぞれの成分の本来の混ざり具合は大きく崩れ、しかも腐敗菌による劣化が始まり、本来の味とはまったく別なものになってしまいます。

また、76ページにあるように通常の航空便でも、同じワインなのかと思うほど、色・香り・味わいもくすんでいるのです。

口に含んでズーっと啜り、空気を通しワインを強くゆすっても、本来の味わいが浮かび上がってくるとは思えません。ワインの産地、銘柄・生産したシャトーやドメンヌの名を当てることなどできるのでしょうか。日本に着いた輸入ワインのことを誰よりも知っている私は不可能だと思います。

また、フランス人も日本に着いたワインがどのように劣化しているかは把握していません。以前、フランス大使館主催のシャンパンの試飲会があり、参加しました。どれを飲んでもザラザラな味わいで少しもおいしくなかった。会場にいたワイナリーのオーナーは「どうだ素晴らしいだろう」と言わんばかりの顔をしています。私は「これらのシャンパンはいつ、何で運んだのか」と尋ねたところ、「1週間前に航空便で届いた」と答えました。もちろん本来の味わいとはかけ離れたものになっています。シャンパンのおいしさなどわかるはずがありません。

そんな程度なのです。

ではなぜワインの味わいを劣化させる他国での形だけのコンクールが必要だったのでしょうか。

当時金余りの日本にもっとワインを輸出したいフランスが仕組んだストーリーでしょう。

ヨーロッパから遠く離れ、ワインを囲む環境のまったく異なる日本で、著しく変質したワインを飲み、銘柄を当てるなど不可能であり、むしろ間違うほうが当たり前なのです。私にとっては不可解この上ない日本でのコンクールでした。

フレンチワインのコンクールはできればフランスのみか、あるいはできるだけ近いところでしか開催するべきではありませんし、ましてや日本などで行なってもソムリエのワインに対する技量を正しく見ることなどできないのです。

2　ワインスクールでも腐敗したワインを望ましい熟成として教えている
――味わいよりもエチケット（ラベル）がすべて

それにしてもずっと以前から現在まで、巷のワインに関する常識と実践には多くの偽りがあります。ワインに関する記事などを改めて見直すと、目を覆いたくなるようなことが少なくありません。

これは実際にその学校に通っていた人から直接聞いた話ですが、ワインに関する正しい知識を教えなければならないワインスクールでも、雑菌の侵入による異常発酵を、望ましい状態への熟成として教えているというのです。レンガ色と醤油色を混ぜ合わせたような色合いのワインから、鼻をつく醤油のような鈍重な不自然な匂いが立ちのぼります。本来のものとはかけ離れた味になってしまったワインが教材となっていることは、とても残念なことです。

以前、ワイン好きが数人集まり、そのうちのひとりの自宅でワインの試飲会がありました。何でも、銀座のデパートでワインの売り出しがあったものを買ってきたとのことでした。

「やっぱり違うわねー」「さすがねー」などとワインをほめそやしながら、4～5人の方が試飲されています。黒ずんだまさしく醤油そのものの色、鈍重な味わい、私にはどうしても腐っているとしか思えません。とにかく気持ち悪くて飲めないのです。でも彼らは飲んでいます。その光景がおかしくて、しばらく我慢していましたが、とうとう言ってしまいました。「これ、腐ってるんじゃないですか？」。皆さん本当にギョッとされていました。そして、口々に「そうね。少しおかしいかしら（ひそひそ声）」。私は早々に退散しました。インターネットを見てもレンガ色になったワインをたたえるものばかりです。

ワインの状態なんてどうでもいい、味わいなんてどうでもいいんです。ワインのエチケット（ラベル）だけがすべてなんです。そのラベルを前に、それまで溜め込んだ知識、能書きを競いながらひけらかし合う、それが少なくない日本人のワインの飲み方です。とても残念なことです。

でもこれは誰にもどうすることもできなかったことです。なぜなら、これまで良い状態のワインはこの日本には1本として存在しなかったのですから。でも今は『奇跡のワイン』がありますす。本当においしいワインを囲んでの試飲会は、すでに日本でもできます。夢見るようなおいしさのワインを試飲し、語り合うのもこれからの新しいワインスクールのあり方ではないでしょうか。ワインの銘柄についての知識を述べ合うのではなく、ワインの味わいに思いを馳せる会にすれば、きっともっと楽しいはずです。

3　お客さまが健康でおいしいワインを選ぶ権利を回復しよう

ものは試しと、日本のとても有名な三ツ星レストランで食事をしたことがあります。まず華麗な内装に圧倒され、ひとり5万円という値段にも圧倒されました。

ワインは一番安いものでも約2万円でしたが、ブドウそのものの赤い色をしていて、まったく熟成していないブドウジュースそのままの酸っぱい味わい。抗酸化剤としてビタミンCでもたっぷり加えられたような、食事の楽しさを半減させる味でした。有名なレストランで出されているワインにも、1本として本来の味わいを持ったワインはないのです。

輸送後の『奇跡のワイン』に対しては、私どもは宅配便で到着後20日間以上休ませることをお願いしています。ワインをストックする場所もままならない小さなレストランであるなら、休ませる時間の長い『奇跡のワイン』を常時用意しておくのは困難でしょう。

しかし、フレンチレストランの分野でトップクラスにあるような大きいレストランには、これまでのワインだけでなく『奇跡のワイン』もぜひそろえてほしいのです。

本当にワインが好きな方のために、そして健康志向の方のために、イオウ燻蒸のみで毒性が少なく体に元気をもたらす、しかも夢見るようなおいしさの『奇跡のワイン』を用意すべきだと思うのです。可能な限り、お客さまからワインの選択の権利を奪ってはいけないと私は思います。

4　ボージョレ・ヌーボーを飲むのはもうやめよう ——さわやかでぶどうの新鮮味あふれる味わいは失われた

ボージョレ・ヌーボーは、かつては明るくフレッシュな味わいで心を楽しくしてくれる、毎秋とても待ち遠しいものでした。

でもいつの頃からか、その明るく楽しい味わいが消えていたのです。フレッシュなブドウの色が薄く黒ずみ、味はえぐみとともにくすみ、重たい香りになってきました。そしてその程度は年々ひどさを増していきました。7、8本、違う種類の栓を抜いても、正真正銘のボージョレ・ヌーボーはありません。どこでとれたかわからないブドウでつくられ、しかも2、3年前にヌーボー（新酒）だったのではないかと思われるような、代物になってしまったのです。

すでに人間の飲むものではないほどに、亜硫酸塩が添加されています。ほとんどの人がこんなことに気づかず、あれもこれもとても旨いといって、喜んで浮かれ、毎年、むなしいバカ騒ぎをくり返しています。

こうしたなか、私はある方から毎年、１本だけボージョレ・ヌーボーをいただいていました。それはまぎれもなくボージョレ・ヌーボーの味わいでした。それはエールフランスが、フランス大使館用に輸入しているものでした。そして、エールフランスの機内で飲んだものも、間違いなく本来のおいしさを持っていました。

11月の解禁日が近くなると、電車では毎年、ボージョレ・ヌーボーの帝王とやらが、今年の出来も素晴らしいと煽り立てます。天候は毎年、大きく変わるのに、そんなに出来の良い年が続くはずがありません。

それにしても、ちゃんとしたボージョレ・ヌーボーは中国あたりに輸出されてしまうのでしょうか。あるいは中国にも韓国にも、日本と同じようなものが輸出されているのでしょうか。ボージョレ・ヌーボーの生産には限度があります。そんなに世界中に大量輸出される量はないはずです。

5　イタリアン・ヌーボーのおぞましい経験

私も子どもじみた日本人のひとりとして、いつの頃からか、毎秋のボージョレ・ヌーボーを楽しみにするようになりました。解禁日にはフレンチレストランに行って、ガブ飲みする習慣がついていたのです。

だいぶ前のことです。ボージョレ・ヌーボーの解禁日。フレンチレストランの予約を忘れていました。どこも満員です。頻繁に通っているイタリアンレストランに電話をすると、イタリアン・ヌーボーならあるとのこと。さっそく駆けつけました。出されたワインをひと口含んでみると、ウッと息がつまりました。明らかにとんでもない量の亜硫酸塩が添加されており、舌がひん曲がるようでした。

吐きだしてしまいたい。でもそのレストランはオーナーとシェフが一生懸命に頑張っているひいきのレストランです。これはと思うものをお勧めで出してくれているのに、つっけんどんに突き返すのはまずいと思い、仕方なく3杯ほど、ちびりちびりとなめるように飲み進めました。飲んでいるうちに額が熱くなってきます。ぼーっとなってくる自分を見つめる自分がいます。これは私の亜硫酸塩への体と心の反応です。翌朝から4日間、言葉に言い表せない重い不快感に見舞われました。

それにしても、どうしてこんなにもたくさんの亜硫酸塩を加える必要があるのでしょう。もしイタリアでブドウの摘み取り、発酵が行われているのなら、新酒発売までの短い期間にはまだブドウの酸味も強く残っていることもあり、腐敗は自然に抑えられるので多量の亜硫酸塩は必要ありません。おそらく、6月に南半球のアフリカで醸造された新酒に大量の添加物を加えて熟成を止め、新酒の味わいを残そうとしたのがこのワインではないか、と私は推測せざるを得ません。

6　子どもじみたフランスやイタリア崇拝はもうやめよう

先にも述べたことですが、フランスから送られてくる製菓材料の多くは、本国では流通していない低品質の手抜きの商品です。フルーツ・ブランディやリキュール、チョコレート、そのなかでも最たるものは栗のペーストです。ただ同然でスペインから輸入された虫食いの栗でつくられたものを送りだすのです。すべてがこんな具合です。

フランスやイタリアのイメージを高揚させる宣伝がいつも執拗に行われ、これらの国から来るものは常にすべてが高尚で秀逸であるというイメージを、私たちに植えつけています。日本人はどうせ味などわからない幼稚な奴らだと高をくくり、私たちの健康と命など無視して多くの不良品を送りつけ、その品物の真実の値打ち以上のお金が持ち去られているのです。実に巧妙な新しい植民地主義体制の登場です。

第 13 章

フレンチワインの
精神性あふれる繊細な深い味わい

1　私はフランスのすべての産地のワインが大好き

各地の土地が生みだす特徴あるワインと産物。ワインは飲むだけでなく、さまざまの料理にも使われ、土地土地の産物とともに豊かなハーモニーをつくりだしています。

「真のワイン通はボルドー以外のワインは飲まない」ということを耳にしたことがあります。でも、どの産地のワインにもそれぞれのおいしさがあります。すべての産地のワインがフランスの土地の恵みを受け、土地の人が長い年月のなかで築き上げてきた、心を動かされるものばかりです。

ブルゴーニュのジョアネさんが住む村の、ブドウ畑の一角に立つ小さなレストランでの夕食が忘れられません。ブドウ畑でとれたエスカルゴを食べ、ブルゴーニュ産のハムとたっぷりのコリアンダーの葉で香りをつけたゼリー寄せ〝ジャンボン・ペルシエ〟、そしてメインは鶏肉をブルゴーニュの赤ワインと鶏の血で煮込んだ〝コック・オ・ヴァン〟、そしてブルゴーニュの赤と白のワイン。もうたまりません。

アルザスでは食前酒にまず甘口のゲヴェルツトゥラミネール、この一杯で食欲はパッチリと目を覚まします。そして私の大好きな、酢キャベツ、豚肉、ソーセージそしてジャガイモを煮込んだ〝シュークルート〟、添えるワインはリースリングかシルヴァネール・パラディ。

もうこれで大満足です。あるいは前菜にフォワグラのテリーヌに甘口のゲヴェルツトゥラミネール、あるいはアルザスのクレマン（発泡ワイン）で、ジャガイモと豚肉などを長時間煮込んだ〝バイエコフ〟、もう身も心も温かく満たされっぱなしです。

ボルドーでは生のフォアグラを軽くソテーした〝フォアグラ・ショ〟とサラダに甘口ワインのソーテルヌを添えれば、心は幸せに舞い上がりそうです。メインは牛のランプ肉をボルドーの赤ワインでじっくり煮込んだ〝ランプロワ・ソース・ア・ラ・ボルドレーズ（ボルドー風ソース）〟。

あちこちのワインの産地にはその土地ごとの多様で豊かな産物があり、フランスの食の文化をつくりあげています。ボルドーワインだけが本当のワインではありません。それぞれに素晴らしいおいしさがあります。でもこれまで日本ではそんなワインを飲むことは不可能でした。でも今は『奇跡のワイン』があります。

2　ワインの個性を生みだすのは土地に含まれるミネラルとつくり手の精神性

おそらく、日本でワインを飲まれるほとんどの方は、ボルドーやブルゴーニュ、アルザスなどのそれぞれの産地のワインの根底には、それぞれに共通の香り、味わいがあることに気づかれていないと思われます。それは、無理もありません。この日本では細菌の侵入による異常発酵でその共通の香りは100パーセント壊されているからです。しかし、「酸素無透過袋」が生みだした『奇跡のワイン』によって、フランスの土地土地で生みだされるさまざまなワインのなかに、これらが共通に持つ繊細な味わいを探ることが可能になりました。かつてイオウ燻蒸がほとんどで、メタカリなど亜硫酸塩が加えられていなかった頃には、日本に輸入されるワインにも稀に状態が良ければ、弱いながらも共通の香りが感じられました。ブルゴーニュのワインには、ジョアネさんのフランボワーズ畑に転がっている化石のほのかな蒼い匂いがあり、人懐こい両のホッペに寄りそう優しい味わいがあります。ボルドーのワインには飲む人の心を一歩離れてのぞきこむような、人の感覚を包み込む底力のある味わいがあります。そしてアルザスのワインにはあくまで透明で新鮮な、心と身体を瞬時に優しくリフレッシュさせる香り、味わいがあります。これらの香り、味わいをつくりだすのは、なんといってもミネラルです。それぞれの産地の土壌に含まれる共通のミネラル群、そしてそのつくり手の精神性あふれる地方独自の醸造法によって共通の香り、味わいが醸しだされるのです。

3　ミネラルとつくり手の精神性が独自の味わいをつくりだす

ブルゴーニュのキャピタン・ガニュロのカーヴを訪ねた折には、それまで数回ほど地下のカーヴに降りてビン詰めにする前の若いワインを樽からとって試飲させてもらいました。2012年秋、欧州出張でキャピタン・ガニュロを訪れ、5年前にお父さんの跡を継いだ当時28歳の息子のピエール・フランソワさんを訪れた時のことです。ジョアネさんの畑でも説明しましたが、ブルゴーニュのブドウ畑は地層が割れて縦に盛り上がり、その地質の違いによりさまざまな味わいがつくりだされます。2010年に収穫され、まだ樽で熟成させている若いワインを7、8種類飲ませていただきました。それぞれに異なる特徴があり、香りがあります。

私はプロのソムリエではありませんから、細かい味わいの分析はできるはずもありません。でも五感を通して深く心にしみわたるそのワインを素直にあるがままに受け止めました。

そして彼は「つくり方はみなほぼ同じだ。地質つまり土に含まれるミネラル分の違いが味わいの違いをつくりだすんだ」と教えてくれました。そして先代パトゥリスさんのつくりだした味わいは、ピエールさんの味わいにほんの少し染まっているように感じました。それぞれのドメンヌやシャトーに代々伝わるワインを引き継いだつくり手のイメージや考え方、技術が添えられ、精神性あふれる繊細な味わいが生まれるのです。

最後に、ワインの熟成が時間によってどのように進むのか理解させようと、もっと前にビン詰めされて熟成の進んだワインを3本試飲させてくれました。時間がワインの表情を変えていくことを教えてくれた、またとない機会でした。フランスのワインの一大産地・ブルゴーニュのワイン畑の一角にある薄暗い地下カーヴ。大きな木の樽が整然と並び、独特のカビの匂いがたち込め、ワインの香りに満ちた、私にとってまるで夢のような光景でした。人生に数えるほどしかない、こんなことがあってもいいのかと思ってしまうほどの、心動かされた時間でした（写真39ページ）。

第 14 章

五感を刺激する『奇跡のワイン』の楽しみ方

1　ワインセラーを持つことをおすすめします

都内にお住まいの方が『奇跡のワイン』を販売している東京代官山のイル・プルー・シュル・ラ・セーヌからワインを手に提げて静かに持ち帰っても、振動によってやはり少し味わいは影響を受けますので、2、3日休ませなければなりません。宅配の場合は20日ほど休ませなければなりません。

ですから、ワインセラーの購入をおすすめします。50本入りとか大きいものは必要ありません。私は5万円前後の小さな12本用のものを置いています。4～5本飲んだところで注文し、余裕を持って休ませておきます。その時の気分に合わせて飲むことができ、また状態の良いワインを選ぶことができます。『奇跡のワイン』の醍醐味、繊細さを充分に堪能することができます。

もちろん、ワインセラーの代わりに冷蔵庫の10度ほどの野菜室に入れて、静かに開閉して保管しても大丈夫です。

2　ワイングラスもそろえることをおすすめします

ワインを一層楽しむためにグラスを選ぶことをおすすめします。高価なものは必要ありませんが、次のような点に注意してください。

〈1〉グラスはできるだけ薄いもので飲む

ワインを飲む時に、グラスは唇と触れます。唇はとても敏感です。厚いグラスのフチが唇に触れると、グラスの感覚に意識が取られ、繊細なワインの味わいを感じる邪魔をします。薄いグラスほど唇に触れても意識を取られないので、全神経がワインの味わいに注がれます。

グラスが薄くなるほど、値段は高くなるようですが、ワインの素晴らしさを100パーセント感じるために、できるだけ薄いグラスを用意してください。

〈2〉それぞれの産地用のグラスで飲む（写真40ページ）

ソムリエでない普通の人にはテスティング用のグラスでは、せっかくのおいしいワインも味わいがわかりにくくなります。ワインの産地専用のグラスをぜひ用意してください。それぞれのワインの色、香り、味わいが最も印象深く感じられるよう、長い年月をかけて、改良が重ねられてきています。
ブルゴーニュの赤でしたら、深く大きい底の膨れたブルゴーニュグラス、ボルドーの赤でしたら太く深く少しだけ膨らみのあるボルドーグラス。アルザスの白でしたら浅めの脚が緑色のグラスです。

本当によくできているもので、高い揮発性があり活発で華やかな香りが立つブルゴーニュワインを専用のグラスで飲むと、グラスの大きな膨らみの部分に香りが充満し、厚みを持って鼻に届き、ブルゴーニュの香り高さを感じることができます。

また、抑制された香りのボルドーワインは、それほど揮発性が高くないので、ブルゴーニュ用のグラスで飲むと、膨らみの部分に香りがとどこおり、十分に鼻に届かないので、香りがあまり感じられません。膨らみが小さいグラスの方が鼻に届きやすくなります。アルザスのグラスでブルゴーニュやボルドーの赤を飲んでも、グラスが浅いので注ぐと香りはすぐに飛散してしまうので、深い香りは感じられません。しかし、アルザスワインを飲めばアルザスワインの特徴である印象的なフレッシュ感が強調されます。これらの産地専用のグラスを使えば、それぞれのワインの素晴らしさを余すところなく楽しむことができます。

3　味わいを理解しようとせず、心の動きにまかせ、色合い、香り、舌触り、そして全体の味わいを探り楽しむ

『奇跡のワイン』には、これまで日本には存在しなかった少しのくすみもない透明感に満ちたきれいな色合い、幾筋もの香り、舌触りの味わいがあります。しかも、これらは抜栓後、刻々と変化していきます。

ブルゴーニュの赤ワインをグラスにそっと注げば、まるで清らかな淡いルビーのように美しい。少しずつ色合いは深さを増し、時には乙女心のような清楚な黄色、時には艶めかしく妖艶な底知れぬ深さを秘めた深い紅(くれない)の色。白ワインはきらめく透明感のなかに黄色を含んだ液体が揺れます。豊かな土の恵みがたちどころに浮かび上がり、実りの穂のように輝く色合いを深めていきます。

上から、横から、そして下からも色合いを楽しんでください。

そして静かにグラスを鼻に近づけます。香りはたちどころに鼻腔にあふれ、刻々と幾筋にも分かれからみ合い、深さと立体感を増し、五感を優しく時には妖しく深く包みます。

1口目はさらっとしていた舌触りも、少しずつ滑らかさを増し、時にはビロードのよう。いくつもの味わいがからみ合い、つながりを持ち、味わいは切れ目なく舌に広がります。ワ

インのさまざまな表情が舌に語りかけてきたら、そっと喉に送ります。

口のなかの香りを「ふ〜」と軽く鼻腔に送り、残り香を楽しみます。この香りは過ぎ去ったいつの日かの思いに重なり、そのシーンが鮮やかに思い出されます。私はこんな楽しみ方が一番好きです。

4　特別な日のための『奇跡のワイン』

『奇跡のワイン』は原産地フランスのカーヴで袋詰めし、さらに日本に着いてからの長い寝かせ時間などで、1本の価格が一番安いもので3800円と高くなっています。これを毎日飲むというのは、普通ではできません。特別の日にお飲みください。誕生日、入学、卒業、結婚記念日、楽しい集いなどに、別世界の味わいのワインでより楽しい日にしてください。

『奇跡のワイン』の魔法の力はすごいですよ。小さなテーブルをはさんで飲めば、ワインの味わいにふたりの心は引き込まれ、溶け合い、そんなに好きでなかったのに、惹かれ合うようになっちゃいます。御用心を。

5　栓を抜いても1週間はおいしく飲めます

『奇跡のワイン』は栓を抜いてからも1週間はおいしく飲めます。

ワインのなかに腐敗菌がいないので、抜栓後1日ほどで味わいが安定し、それ以上大きく変わりません。飲む度にポンプでビンから酸素を抜く必要もありません。コルクを軽く差しておけばそれで大丈夫です。

ヴァン・ジョンヌ（89ページ）は食前酒に最適です。抜栓してから半月は大丈夫。小さなグラスで飲んでください。

それぞれ好きな飲み方で別世界の味わいを楽しめます。

どうしても毎日たくさんワインを飲みたい人は

どうしても毎日、ワインを飲みたいという人もおられるでしょう。その時には第5章で述べた「日本では値段やビンテージでワインを選んでも意味がない」（72ページ）を参考にして、亜硫酸塩が少なくて、少しでも腐敗の進んでいないワインを探すしかありません。これは面倒で難しいことですが、ほかに方法はありません。亜硫酸塩が多量に添加されているものは、健康のためできるだけ飲まないようにしたほうが良いでしょう。

6 1本ごとに異なるワインの豊かな彩り、栓を抜いた後の味わいの変化を探る楽しみ

『奇跡のワイン』の大きな驚きの一つに、1本ごとに異なるおいしさと表情があることです。どの1本として、同じものはないのです。飲み重ねていくと、同じ銘柄でも1ビンごとに繊細で微妙な違いが五感に迫ります。その違いを探るのはとても贅沢な喜びです。

ワインの繊細さに感覚も研ぎすまされ、香り、味わいが繊細な要素の集合体であることがわかってきます。コルクを抜いてから、時間の経過とともに、異なる香り、味わいが立ちのぼり、さらに変化した香り、味わいがこれに重なり共鳴し合うのです。その共鳴する表情も1本ごとに異なります。

腐敗したワインあるいは亜硫酸塩が多量に添加されたワインは、味わいのすべての要素が表情を失い、似たり寄ったりの不快なものになってしまいます。

本来の味わいを持った良好な状態のワインは、栓を抜いて空気に触れると、印象的な心に迫る急速な変化が起き、そして香り、味わいのピークを迎えます。この時間は同じ銘柄であっても1本ごとに微妙に異なります。

キャピタン・ガニュロのワインなら栓を抜いてから25〜28分ほどでピークを迎えます。成分の濃厚なボルドーの赤は、飲む1時間前に栓を抜いて変化を促しておきます。そうすると、

さまざまに表情を変え、飲み始めてから約1～2時間内にピークを迎えます。時の経過がもたらす変化も1本ずつ異なりますし、今晩のワインはどんな表情を見せるのだろうと想像しながら飲むのも楽しいものです。

7　季節やその日の気温によって1本ごとに微妙に異なるワインの最適温度を探る楽しみ

〈1〉熟成の状態による飲み頃の温度の違い

ワインの飲み頃の最適温度は味わいの傾向、熟成度の違いなどで1本1本、個体差があります。ワインは1～2度違っても、味わいが大きく異なります。まず1本目については、蔵元が推奨している温度で飲んでみるのが基本で、酸味がキリッとしているワインにはほぼあてはまります。少し甘めの印象のワインでは、赤、白とも1度から2度ほど低くして味わいをみます。心のなかまでしみわたる印象的なフレッシュ感を得ることができます。一方、味わいに膨らみが感じられない場合は1～2度ほど温度を上げます。味わいが外に出て膨らみが出ます。夏には替えのグラスを2つほど冷やしておき、できれば1杯ないし2杯ごとに替えれば、最後まで最良のフレッシュ感が味わえます。

〈2〉季節による飲み頃の温度の違い

季節によって飲み頃温度は変化します。高温多湿の日本では暑い時季には蔵元が推奨している温度より1~2度低くしたほうが、涼しげな味わいになります。一方、冬には蔵元の推奨温度より1~2度高くしたほうがしっくりし、ふっくらとした暖かい味わいが得られます。

クレマンも同様の考えで結構ですが、印象が薄かったら1~2度下げて飲みます。

まず飲んでみてとてもおいしかったら、もちろんその温度でオーケーです。でも、何かちょっとしっくりしない、味わいにしまりがないと感じられたなら、氷水で短時間冷やしたり、少し温度の高いところに置いたりして、ワインの温度を調節してみてください。

8　ワインと料理の味わいの相乗効果を楽しむ

ワインはそれだけでも、あるいはチーズやつまみとともに楽しむこともできます。『奇跡のワイン』なら、それだけの簡単な用意でも、楽しみはとても大きなものとなります。

ではワインと料理の関係はどうでしょう。もしあなたが飲んでいるワインが腐敗したり、亜硫酸塩が多量に入ったりしたワインなら、そのえぐみや渋味、鈍重な味わいが料理の味わいを邪魔したり消したりして、料理のおいしさをあるがままに感じることができません。せっかくのおいしい料理なのにおいしいと感じられないのはとても残念なことです。

でも透明感と清々しさのある『奇跡のワイン』でしたら、料理の味わいを邪魔したり、消したりすることはありません。料理の味わいが素直にあるがままに感じられます。

〈1〉2つの味わいの相乗効果と共鳴

香り、味わいに透明感のあるおいしいワインは、料理の味わいを邪魔しないだけではありません。ワインと料理の関係にとって最も大事な、双方の味わいの相乗効果が生まれます。

ワインと料理双方の香り、食感、味わいが複雑に混ざり合いお互いの味わいを高め合います。1足す1が2ではなく全体の味わいは豊かに膨らみ3にも4にもなり、五感を刺激し、うれしい幸福感に包まれます。

これがワインと料理との正しい関係であり、ワインは大きな喜びと楽しみを与えてくれるのです。

レストランで、いま選んだ料理がどのワインだったら最も大きな相乗効果をもたらすか、その案内や提案をしてくれるのが、ワインに精通しているソムリエの役目です。しかし、これはあくまで本来の味わいを持ったおいしいワインがあってはじめて可能になることです。

9 透明な味わいの『奇跡のワイン』は和食ともボン・マリアージュ

日本酒は料理の味わいを邪魔しないが、高めることもない。でも『奇跡のワイン』は料理の味わいと共鳴し高め合う

〈1〉あらためて『奇跡のワイン』と和食の相性を探るのも楽しい

味わいの平坦な日本酒やビールはよく冷やすことによってさらに味わいの印象を弱め、料理の味わいを越えないようにします。酒やビールと料理ではお互いが高め合うことはなく、淋しい味わいです。心浮き立つ楽しさはもたらしてはくれません。

もちろん、腐敗が生みだす不快な渋みやえぐみ、あるいはメタカリなどの亜硫酸塩の多いワインではどんな和食の味も壊してしまいます。

でも透明感のある『奇跡のワイン』は和食にも驚くほどボン・マリアージュ（素敵な相性）です。特に白ワインは、穏やかな和食の味わいを損ねることなく引き立ててくれます。

赤も白も軽めのものを選べば、『奇跡のワイン』は料理とお互いの味わいをさらに高め合い、おいしさが豊かに広がります。刺身や握り鮨とブルゴーニュ、アルザスの白はとてもよく合います。カリッと揚げた香ばしい天ぷらには赤も白もいいですよ。

じゃがいもの煮っころがしには軽めのブルゴーニュ。それは煮っころがしの味をもっと楽しくしてくれます。皿数が多くて味わいの穏やかな懐石料理には清涼感あふれるアルザスの軽めの白が良いでしょう。あらためて『奇跡のワイン』の味わいと和食の相性を探ることも楽しみになります。おいしいワインとおいしい料理、合わないわけがありません。

第 15 章

『奇跡のワイン』は
フランスと同じおいしさだけでなく、
千年来の安全と健康をも
「酸素無透過袋」に実現した

亜硫酸塩には、発がん性、催奇形性、その他の恐れがあることはすでに述べました。しかし、イオウで木樽を燻蒸し、微量の二酸化イオウを付着させ、そこに発酵したワインを流し込み、腐敗菌を抑え、酸化も防ぐという方法は千年ほどの歴史があるようです。

千年もずっと続いてきたのは、この程度の濃度の二酸化イオウの亜硫酸塩であればワインを良い状態に保つことができると同時に人体にも安全である事実がこの醸造方法を続けることを可能にしたのでしょう。

1　『奇跡のワイン』は味わいだけでなく千年来のワインの安全性と健康をこの日本で可能にした

『奇跡のワイン』はフランスと同じ味わいをこの日本で可能にしました。

そして同時にヨーロッパで千年来続けられ、実証された安全と健康をもこの日本にもたらすことを可能にしたものです。

すでに何人もの方が『奇跡のワイン』はおいしいだけでなく、心地良い酔い、翌朝の目覚め、そして体に元気が湧くのを感じると言われます。これは腐敗したワインや亜硫酸塩の多量に加えられたワインでは決して得られない感覚です。

2　千年来の亜硫酸塩の濃度はどれくらいなのか

ステンレス製の発酵槽の使用やその他の微生物の種類を選別したり、活動をコントロールできるようになったのはここ数十年のことです。それまでは、その時々の微生物の活動に直接影響され、品質を安定させることは容易ではなかったので、これを抑えるためにある程度高めの亜硫酸塩の濃度が必要だったと思います。

以前の醸造条件に近いつくり方をしているのは、今でも木樽での発酵・熟成をしているギィ・ボカールだと思います（81〜141㎎／ℓ）。

ワイン造りの歴史のなかで長く保たれてきた濃度は、ギィ・ボカールあたりの数値であり、この近辺の濃度なら健康への悪影響はほぼないのではないでしょうか。

キャピタン・ガニュロの赤ワイン23〜66㎎／ℓ、白ワイン71〜85㎎／ℓという亜硫酸塩の数値はステンレスタンクでの発酵、その他の技術の開発により、酵母菌の活動を抑制できるようになってから、可能になった低濃度だと推測します。

その意味ではキャピタン・ガニュロの濃度は千年来の安全の実績より、さらに亜硫酸塩の毒性から、より安全になったということではないでしょうか。

3 EUの規制値も安全ではなく、日本の数値はさらに恐い

日本から比べれば、EUの許容量はかなり低いように見えますがワインを自国以外の他の国に輸入するための新たな数値だと思います。輸送によるワインの変質を防ぐにはこれくらいの亜硫酸塩濃度であれば、ワインも変質せず、人体にもそう影響ないのではないかという推測の数値でしょう。

しかし、前述したようにEUの数値が飲む人の千年来の健康の実績を持っているのではなく、健康への安全性は不確かである思われます。

つまりEUの許容値であっても健康への影響は充分考えられるのにもかかわらず、日本へ輸入されるものはさらに赤・白ワインとも350mg／ℓと跳ねあがります。もう、これは健康への配慮などまったくありません。業界の意図の強く働いた濃度であり、きわめて危険な濃度であると思います。

私の近くに30代後半、40代はじめで発がんしたワイン好きの人たちがいます。女性の3人が乳がん、男性1人が首リンパがん、そして私が食道がんです。私以外は皆若い、なのに発症しました。

もちろんがんはさまざまの理由が重なり合って発症するものであり、ワインの亜硫酸塩が

主たる原因であると言うつもりはありません。ワインを毎日ガブ飲みしても発症しない人も、またワインを飲まなくても発症する人もいます。

しかし、これだけ危険性の明確な物質が多量に入ったものを何もわざわざ飲まされるいわれはないのです。日常的に飲み続ければ、健康のために好ましくない因子を溜め込んでいくようなものです。

私どもが輸入したワインにもギィ・ボカールのワインの濃度に比べれば、亜硫酸塩の含有量が高いものもあります。巻末に二酸化イオウと亜硫酸塩の濃度が記してあります。ワイン選択の判断材料にしてください。

4　腐敗したワインももちろん体に良くない

腐敗菌の侵入によって腐敗・変質したワインももちろん体に良くありません。フランスの地で収穫されたブドウは、その土地土地の豊かなミネラルを吸い上げ、発酵させ、成分の幅をさらに広げたものであり、体の細胞に豊かな栄養素を供給します。

だからワインはおいしいのです。

おいしさとは、悠久の時のなかで動物の細胞に積み上げられてきた食の情報のうち良い情報に合致した、体に良い成分が含まれているという安堵の感覚です。

まずさとは細胞に良くない成分が含まれているという悪い情報に合致した場合の拒否の反応です。

一口で言えば、おいしいものは体を元気にし、まずい・不快なものは体を不調にします。本当は体に良い栄養素豊かなワインも、腐敗菌によって不快なまずい味わいに変質し、二日酔いなどをもたらします。

体にとって良くない成分が新たに生成されたのです。これを長期に飲み続ければ、やはり体には不具合な因子が蓄積されていくと思われます。

終　章

『奇跡のワイン』を飲まれた方からの感想

『奇跡のワイン』を飲まれた方の感想

読者の皆さんはもう、『奇跡のワイン』は本当に夢見るおいしさなのだろうか、本当に奇跡に値する味わいなのだろうかという気持ちでいっぱいだと思います。

『奇跡のワイン』を飲んだ方の感想を聞かなければなりませんね。

間違いなく言えることは、日本のソムリエに『奇跡のワイン』を評価してもらっても意味がありません。なぜなら彼らは腐敗したワインや亜硫酸塩の多いワインを基にした常識で凝り固まっていますし、『奇跡のワイン』のおいしさを評価することは自分たちの仕事を自ら否定することになるからです。さらにワイン業界で高い地位にある方々は既存の輸入ワインによって利益を得ているので『奇跡のワイン』の素晴らしさを100パーセント理解し、表現しようとはしません。

ワインが大好きでフランスへの長期滞在などで現地のワインを充分に飲み、しっかりした味わいのイメージを持っている方であれば、それでいいのです。『奇跡のワイン』がフランスと同じ、あるいはそれ以上であることはすぐに理解できます。

おいしいワインを飲みたいというしなやかな感覚があれば『奇跡のワイン』を評価する資格は完璧にあります。

もちろんフランスでワインを飲んだ経験のない人も、『奇跡のワイン』のおいしさは誰にでもすぐにわかります。

それでは3人の方の感想を読んでいただきます。

最初は北海道でフランス菓子店〝Pâtisserie SHIIYA（パティスリー・シイヤ）〟を経営している椎谷宏一さんです。椎谷さんは『奇跡のワイン』を飲み込まれているわけではありません。それぞれ気心の知れた同士が自分の好きなワインを持ち寄っての食事会であったことです。

2人目は岐阜でレストラン〝Bon Chemin（ボン・シュマン）〟を経営されているオーナー・キュイズィニエ（料理人）の後藤淳さんです。後藤さんは何度かフランスに行かれ、イル・プルー・シュル・ラ・セーヌのフランス菓子教室やドゥニ・リュッフェルさんのフランス料理講習会にも参加されています。フランス的味わいに独自の考えを持たれているおいしいフランス料理をつくるキュイズィニエです。

後藤さん自身の感想とレストランのお客様3人の感想もくださいました。

後藤さんの感想も私のこれまでの困難を忘れさせてくれるもので本当にうれしい。また、2人ともイル・プルー・シュル・ラ・セーヌのフランス料理・菓子のことまでも記していただきました。そのまま掲載します。

“Pâtisserie SHIIYA” 椎谷宏一さんの感想

僕は文章を書く事が得意ではなくヘタで申し訳ないのですが、書いた事全てにウソや脚色は一切ありません。本当の事だけを書きました。

僕は椎谷宏一といい今52歳です。高校を卒業してから菓子屋の道に入り、22～26歳の5年間は東京で働きました。

その頃、何度もケーキを食べに代々木上原にあった弓田シェフのイル・プルー・シュル・ラ・セーヌに行きその美味しさとその表現方法に驚いていました。そのお菓子は他店のものとは次元が違い心を動かされました。弓田シェフはお菓子を作る事だけはなく、お菓子の材料を輸入され、そして今は本当にすばらしいワインを輸入して皆さんに喜びと感動を与えている事は普通の人では到底成し得ない事だと思います。もう次元の違う偉業だと思います。僕は自分の店を開いてちょうど15年になります。色々な事で日々もがき、目に見えない何かと戦っている毎日です。お菓子の試作をしてはそれに納得できず、たびたび落ち込みます。まだまだ未熟で人の心を揺り動かす様な自分のお菓子が出来ていません。でも1歩ずつでも弓田シェフやドゥニ氏の様な仕事が出来る様に日々精進します。

過日、知り合いのフランス料理店で好きなワインを持ち込み、料理を食べながらそれぞれの持ってきたワインを楽しむという夜の時間がありました。皆ワインが大好きで中にはとても知識豊富な人もいました。他のフランス料理店のシェフ、和食懐石のシェフ、ワインの仕入れ業者、脳神経外科のお医者さん、そして自分の5人でした。みんなそれぞれ自分のお気に入りのワインを持って来ていて、中には稀少なものや1本数万円というのもありました。僕はこれまでイル・プルーが輸入しているワインは飲んだ事がありませんでしたので、この機会に是非飲んでみたい！ と思い1本ですが購入させていただきました。キャピタン・ガニュロの「アロクス・コルトン・プルミエ・クリュ」です。

ソムリエの様にワインについての知識はあまり無いのですが、ワインは大好きでよく飲んでいます。それぞれの個性を楽しむのが好きです。僕の職業は菓子屋です。ワインが好きになったきっかけはフランスでの生活からでした。フランスに3年、ベルギーに1年、パティシエとして働き勉強をしてきました。初めの1年はフランス、ローヌ・アルプ地方のロアンヌにある三ツ星「レストラン・トロワグロ」で働き、その時によく「コート・デュ・ローヌ」や「ボジョレー」を中心に飲み楽しんでいました。数回ですが、休日にドメーヌ（生産者）の所に見学に行き、ワインを製造する所やカーヴに身を置き、その空気感や日本にはない匂いに興奮したのを覚えています。この時に飲んでいた「コート・デュ・ローヌ」は香り良く、果実感も口いっぱいに広がりその美味しさと価格の安さにびっくりしました。次の1年はブリュッセルで働き、この時は日本に無いビールの美味しさを知りました。次の1年はノルマンディーで働き、その次はブルターニュ近くのロワール地方で働きました。この時は「シードル」をよく飲んでいました。この4年間は今まで知らなかった美味しい物に沢山出合えた時となりました。しかし帰国から15年以上経ち、その記憶も段々と鮮明さを失ってきています。

話をワイン会に戻します。期待に胸躍らせ、イル・プルーのワインのブションを抜いて静かにグラスに注ぎ、香りを確かめてみます。とてもフレッシュで果実感の香りが広がります。口に含み飲み込みます。今まで日本で飲んでいたフレンチワインとの違いは明らかです。すぐにフランスで飲んでいた頃のワインを思い出しもう感激です。フランスでの自分の部屋や日本には無いフランスの匂い。忘れかけていた記憶が戻る喜びです。味、香りはうまく言葉に出来ませんが、フレッシュで香り豊か。飲み込んだ後に鼻から抜ける香りは、嫌みなどいっさい感じられず果実感でいっぱい。喉にクイクイ入ってくる感じです。もう美味しいです。本当にそう思いました。そう感じました。他のメンバーでワインが大好きな人達からは「化学物質感を全く感じない。香り豊かでうまみがいっぱい感じられ、ぶどうの醗酵由来からのアミノ酸のようなうまみがとても豊か。今までの輸入ワインとは違う。」こんな意見でした。とにかく大好評でした。このワイン会をした店のシェフは昔、コート・ドールにある「ソーリュ村」のレストラン・ベルナール・ロワゾーで働いていた為、住んでいた時には、沢山のブルゴーニュワインや外には出回らないその地方の人達が楽しむ為のワインの味、香りを知っている人でした。もちろんそのシェフにも試飲してもらいました。香りを確かめ「ゴクン」と一口飲んだ後に「おーっ。うまい。」と一言。「嫌な香りは一切無く、例えるなら「田舎貴族」。田舎の様な香りだけど「シュッ！」として品格がある。味と香りを楽しみ目を閉じると昔見たブルゴーニュのぶどう畑の風景が思い出される。」こんな事を言っていました。とにかくフランスの修業（ブルゴーニュ）で飲んだそのものの味だととても喜んでいました。他の人達も「雑みの無いクリアな果実感あるフレッシュな香りでこれまでのフレンチワインとは違う。」と共通して言っていました。この日があって僕は弓田シェフが輸入している他のワインも飲んでみたいと強く思っています。少しずつ、「イルプル奇跡のワイン」を飲む時間を楽しみたいと思います。自分のワクワクする時間が増えました。本当にありがとうございます。弓田シェフ、どうかお体をご自愛ください。

２０１７年11月29日
Pâtisserie SHIIYA　椎谷宏一より

“Bon Chemin” 後藤淳さんの感想

他のワインと飲み比べるとすぐに分かります。他のものは薬臭く、グラスを口に近づけるだけで不自然さと違和感を感じます。頭が痛くなるような味も感じます。

奇跡のワインは何の抵抗もなく口に、体に入ってきます。すごくバランス良いものに感じます。自然の恵みを体内に取り込んでいる感覚。あるいはフランスの空気や土や、風や、ワイン製造者の想いまでも、すべて抵抗なく体の中に入ってくるという事なのでしょうか？

奇跡のワインをグラスに注ぐとまず、澄んだ、そしてとても奥深い色合いに見えます。その印象は飲むとより良く実感できます。

口に近づけた時の香りも澄みきっています。それだけでも他のワインとは全く違い、こんな飲み物は日本にはないという印象です。フランスが目の前に存在するという印象です。イヤみのない味、バランスの良い味がフランスから、そのまま自分の口の中に入ってきて、ずっとずっと長い余韻が体の中に残り、とても心地良くなります。優しく包まれる味です。個性的で、インパクトはあるけれども、優しい味です。

仕事上、お客様からワインを頂いて飲む機会がありますが、奇跡のワインと比べると全く別物であると思います。

それらには値段が高いとか、何年物であるとか、色々ありますが、そもそも全く違う。腐敗したものと、していないものを比べる事が間違っていると思います。

いずれにしても、これまでのワインに対する常識を一度捨てる必要があるのではないかと思います。

奇跡のワインを数本飲んだ人なら誰でも感じる事だとも思います。

日本で、ワインのみならず、お菓子も、料理も、イル・プルーの造り出す本当の美味しさに出会えた事は、奇跡なのだと思っています。


〈私のお気に入り奇跡のワイン〉

● ムルソー・レ・グランシャロン（白）

完璧な味だと思いました。澄んだ味と香り、蜜のような香りもありながら、樽の香りもする多重性のある味です。

色合いも本当に綺麗です。それでいて、深い色合い。見た目からも味の多重性が伝わってきます。ワインの嫌いな人でもすぐに美味しいと感じる味です。

● ラドワ（赤）

赤ワインの中でも飲みやすく、口当たりもやわらかいです。それだけに、『奇跡のワイン』の良さがダイレクトに伝わるのがラドワだと思いました。味と香りに濁りがありません。やわらかい口当たりのわりに、時間が経っても味がより深く増してくるように感じました。

●**ボーヌ・ロマネ・オ・ラヴィオル（赤）**

ラドワよりもキレがあり、香りが強いです。その割には口当たりはまろやかです。いやな渋みはなく自然な味です。華やかで男性的な印象と思いました。

●**ブルゴーニュ・オートゥ・コートゥ・ドゥ・ボーヌ（白）**

舌ざわりがトロッとしています。あっさりとしているのに香りは長く続きます。濃厚さも兼ね備えています。静かな水の中にいるような、物音のしない、キーンとした、研ぎ澄まされた味です。

●**ゲベルツトゥラミネール・ヴァンダンジュ・タルディヴ（白）**

濃密な甘さと香りがすばらしい。

優雅な気持ちになれます。

●**ヴァン・ジョンヌ（黄ワイン）**

とにかく香りが個性的です。適当に選んだチーズと飲んでみると、トリュフのような香りが口の中に広がりました。チーズだけでなく、香りの強い肉や魚などの食材を包み込み、美味しさを最大限に引き出してくれるような、まとめあげてくれるような、魔法のようなヴァン・ジョンヌに感動しました。

お客様の感想１

第一印象はどれを飲んでもつやつやとしていきいきとした味です。始めは水っぽい印象を感じる事もあったが、飲み込んでゆくに従って今までの日本にあるワインのタンニンの感覚は劣化によるものだったと理解できました。例えば今まで飲んでいたボーヌ・ロマネ・オ・ラヴィオルには、いちごジャムのような、褐色的な味があると感じていましたが、それも劣化した味わいであると確信しました。『奇跡のワイン』は劣化がないので、香りが良くまとまりがあり、長く余韻が続きます。

こんな感覚は生まれて初めてであり、今まで飲んできたワインの常識をリセットしなければいけないと感じました。先にも述べましたが、タンニンに関しては奇跡のワインは別次元の感覚です。酸とミネラル感に特長のある、エシュゾー、ボーヌ・ロマネ、サビニュイ・レ・ボーヌが私の好きなワインです。

いやな渋みの原因が劣化によるものであるならば、ワインの苦手な人の感覚も、このワインを飲めば変わると思います。それくらい、奇跡のワインのアイデアは、驚きと、称賛、尊敬に値するものでもあるし、フランスワイン製造者と、弓田さんの感性感覚、ワインを大切に想う心が共通している事も感じました。奇跡のワインから弓田さんの存在が浮かび上がるのです。ワインの作り手と弓田さんの意識が全く同じなのがすばらしい。このワインを飲むと、そんなイメージが広がります。

ブルゴーニュワインの原形を崩さず、日本に奇跡のワインを誕生させたその信念に触れる事ができたことは、私にとって幸せでした。

お客様の感想2

ワインの酔いも、覚めるのも自然な感覚。

ワイン好きの人には是非飲んでほしい。

ワインの奥深さを再確認させて頂きました。

お客様の感想3

ブドウの味がダイレクトに伝わる。料理との相性もとても良く、インパクトのある、圧倒される味でした。

お客様の感想4

すっきりとしているのにコクがある。

サラッとしているものでもコクと、しっかりとした味が感じられます。赤ワインも渋みが少ないのに奥行きを感じさせるワインばかりです。

試飲会に参加された青葉千佳子さんからの感想

２０１６年11月、イル・プルー・シュル・ラ・セーヌの『奇跡のワイン』の試飲会に参加された仙台にお住まいの青葉千佳子さんから、後日、次のようなお便りをいただきました。

このお便りを読み終えた時、私の二十数年にわたる苦労はたちどころに消えてしまいました。果たして私以外の人が『奇跡のワイン』をどう感じられるのかという一抹の不安があったからです。それがこのような温かく美しい感想をいただき、そのような不安は吹き飛んでしまいました。

たしかに文章力もすごい、『奇跡のワイン』の素晴らしさとあいまって、こんなに素敵すぎる文章が紡がれたのだと思います。『奇跡のワイン』との二重唱です。さらに後日いただいた本文中の3篇の詩とともに、許可をいただき掲載します。

～青葉千佳子さんからのお便り～

以前フランスに長期滞在の際、各地のおいしいワインをたくさん飲みました。しかし帰国後、フレンチワインの不自然な味わいに失望していました。そんな折、フランスと同じおいしさの『奇跡のワイン』は失望を大きな喜びに変えてくれました。

私はもともと料理が好きで、作ること、食べることが好きで、自分でも美味しいと言われるレストランに行き、そこのワインソムリエに勧めてもらったワインと食事を楽しんだり、日本でもワインバーへ行ったりしていました。

フランスに長期滞在する機会があり毎日のようにワインを飲むことになりました。現地のレストランで出されたワインや、当時ストラスブールに留学していた娘の下宿先の近くのお店で買ったワインを飲んだところ、今まで日本で飲んでいたワインとはまるで違い、驚かされました。まず香りが高くて、豊かで、味も新鮮で、清らかで、芳醇なものばかりでした。

娘たちとフランスの各地（ワインの産地）、アルザス地方、ノルマンディー地方、ブルターニュ地方を廻り、いろいろなワインを味わい、またパリに戻ってもワインを飲みました。娘たちは留学中、フランスやイタリア、スペイン、ドイツなどの国々を廻り、知り合った家族や友人とワイナリーに行った経験があり、本当のワインの美味しさを知っていました。「あ〜、やっぱりフランスのワインは美味しいな〜」と口にしながら飲むワインは、格別であり幸せなひと時でした。

日本に戻りイル・プルーから取り寄せていたワインを期待と不安で緊張しながら飲んでみました。それはまさにフランスで飲んだワインと同じよう！　とても美味しく、感動しました。弓田先生がおっしゃるように「日本に輸入されるワインは腐っている。」ということがフランスに行って沢山飲んでみて、初めて実感したところだったからです。日本に戻ってからは、レストランで勧められるワインでも香りや味が乏しかったり特有の苦みが口に残ったり、フランスに行く前のようにはワインを楽しめなくなりました。そのような経緯があって、イル・プルーの「奇跡のワイン」の試飲会には「絶好の機会！」とドキドキワクワク、期待いっぱいで臨みました。

『奇跡のワイン』は、色、香り、味わいの全てに感動させられます。飲む度に体の中にスーッと自然に入り込む感じがします。どのワインも色の美しさは、魅力的で心をときめかせてくれます。

香りは脳を刺激し、記憶を呼び覚まし、情熱と夢を蘇らせます。そして癒されます。その深い味わいは、とにかく美味しいと言葉を発せずにはいられません。「ほんとうにおいしいのです!!」

脳と心と身体が共鳴し、官能をも呼び覚まし体の中からあふれてくる幸福感で満たされます。元気になるのです。心と体が一新され、生きる喜びをもたらしてくれます。

ワインは音楽や絵画と同じ芸術であると感じました。どれも想像を掻き立てる魔法です。歴史や国境を超える神様からの恵みです。

『奇跡のワイン』のおいしさや一期一会の感動を一人でも多くの方に知っていただきたいと思います。私自身もこれから真実の味わいであるお菓子やお料理を作り、大切な人たちと一緒にワインのある食卓を囲んで、組合せ、変化、インスピレーションを楽しみながら、そのハーモニー、自分らしいハーモニーを奏でていきたいと思っています。

『奇跡のワイン』が永遠に続きますように。


夢見るようなワインのおいしさが、青葉さんの心をとらえ、情熱と夢を蘇らせて、こんなに素敵なワインへの思いをつづらせました

シャトー・ヴィユ・シェヴロールは響く

青葉千佳子

CHATEAU VIEUX CHEVROL
シャトー・ヴィユ・シェヴロール
VIN ROUGE　メルロー、
カベルネ・ソーヴィニヨン、カベルネ・フラン

若々しく　清らかで　さらっとした透明感から謙虚さがうかがえる
わずかに黒味を帯びた　濃い赤色。
経験のある者は　必ずやハッ！　とする大人の赤
明るく　パワフルである

先ずは…
赤と黒のベリーミックスの芳しい香りと味が華やかに広がる
フレッシュなのに…熟してる！
その調和がとても美味しい
この見事なバランス感覚は　初めて
気品のあるワインだ
粋もある

10分後…

香り高まり　植物　木々　樹木の香りが広がった

アロマティックな世界が広がる

25分後…

「さあ、こちらへ…」「さあ、どうぞ…」と

両手を広げて誘われる

飲むたびに　印象が変化していく——

50分後……

華やかな香りは　さらに深まり

鼻孔を下り　口腔を満たし　喉を撫で

同時に　鼻孔を昇り　ついに魅惑の禁断の扉が開く

あとは♪そう　愉悦に身を委ねるばかり

シルヴァネール・パラディは潤す

青葉千佳子

SYLVANER PARADIES
シルヴァネール・パラディ
VIN BLANC　シルヴァネール
2008

澄んだ軽やかな香り
軽い酸味があって爽やかな喉ごし
フルーティでほんのり甘く優しい
純粋で誠実
誰とでも　どんな料理にも合う
いつでも冷蔵庫の中にあると安心

多忙な時こそ　このワインを飲んでリフレッシュを！
スッキリ　爽やかで　軽いので　気楽に楽しめ　リセットできる
なにもかも順々に　なめらかに進んでいくことでしょう

少し多めに口に含んで　ごくりと飲むのも良い
喉を潤し　体も潤してくれる

シンプルな美味しさ！

前菜　塩漬けオリーブ　燻製ホタテ　オリーブオイル漬けカキ　スモークトサーモン
バゲット　パン・ドゥ・カンパーニュ　お好みのチーズと共に…

歯触りを愉しむなら　アーモンドや松の実が香ばしい
チーズの食感も芳醇なクッキーでしょうか
あえて私が選ぶなら
イル・プルー・シュル・ラ・セーヌの「塩味のクッキー」

大切なひと時のための『奇跡のワイン』

ワインの知識なんか少しも必要ありません。

心と体から力を抜き、夢見るようなワインの味わいと感覚の語り合いに耳をすませば良いのです。

あの時の思い出が、ふんわりとした幸せなひと時、淡く切ない一滴の涙が、激しく身を焦がした熱情が、意識の底から浮かびあがり、今宵のひと時を幸せが包みます。

二人の心は甘く溶け合い、一本の『奇跡のワイン』、陶酔。

『奇跡のワイン』はその時々の心の彩りを何倍にも、何倍にも膨らませてくれます。

さあ貴方もその時の心のおもむくままに健康と安心の下に『奇跡のワイン』を楽しんでください。

あとがき

大きな三つの手術後の私を支えてくれた『奇跡のワイン』への思い

実は私は、「酸素無透過袋」入りの『奇跡のワイン』の第一便が日本に着いてから2年後の2014年の9月に食道がんが見つかり、その年の12月に手術を受けました。肺炎を併発し4ヵ月ほど入院、ほぼ寝たきりの状態でした。

『奇跡のワイン』が届くまでも毎日、毎日かなりの変質したワイン、亜硫酸塩の多いワインを飲んできました。それでも毎年1回の人間ドック、胃カメラの検査では食道は綺麗と言われ続けてきました。

そして『奇跡のワイン』の第二便が届いてからは、味わいの観察のため、約1／2本を何も食べずに30分ほどかけて飲み、それから食べ物を摂りはじめました。

私はソムリエとしての訓練はしていませんし、自分の感覚だけによる分析ですが、食べ物と一緒では、食べ物の香り・味わい・舌触りが邪魔をしてワインの味わいの微細な分析ができないからです。私は本来なら飲む時にもかなりの量を食べます。

食べ始めると止まりません。

仕事から帰ると、小さなワインセラーからワインを出し、栓を抜き、ストップウォッチと温度計を用意し、ワインの温度を測りながら、ストップウォッチを見ながら、5分おきに飲み、色・香り・味わいを探り、書き記しました。

これによって同じ銘柄でも1本1本個体差、異なる個性があること、大きな香りのなかに幾筋もの香りがあることなど、その他多くのことを知りました。

30分ほどで半分を飲み、コルクを差しワインセラーに戻し、前日や1週間前の残りを飲み観察しました。それから食べ物を摂りました。

テレビや本でも何も食べないで飲むと食道がんにかかる危険があると言っているので、「ちょっとやばいかなあ」とは思いながらも、とにかくより早く『奇跡のワイン』の味を見極めたかったのです。

人間ドックで胃カメラを飲み、食道がんが見つかった時のショック、動揺は計り知れないものでしたが、「あっ、やはり来たか」とワインのことが頭をよぎりました。

手術は成功しましたが、肺炎を併発し、4ヵ月の長期入院で体力を著しく消耗してしまいました。体重は73kgから60kgと減少してしまいました。

退院後つらく厳しいリハビリの日々でしたが、「何のために「ワイン」やってきたんだ。このままじゃ、笑い話にもならない。もう一度、必ず飲めるようになるんだ」という気持ちがいつも心のどこかにあり、その思いもあってやっとここまで体力を回復できたようにも思えます。

手術から2年後頃ようやくほんのちょっとワインが飲めるようになりました。

しかし、さらに2年後の２０１６年12月に心臓弁膜症で入院手術し、再び肺炎を併発し、背中に穴を開ける手術（開窓による膿胸手術）をし、４ヵ月の入院となりました。体重は一時、55kgまで減少しましたが、術後約1年（２０１８年2月現在）で63kgまで戻り、かなり元気になりました。

4年間に食道がん手術、肺炎、心臓弁膜症手術、肺炎手術と続き、一時は絶望的な気持ちになったこともありましたが、とりあえずここまで元気になれたのは『奇跡のワイン』がまた飲みたい」ということが大きな一つの動機でした。

あらためて私の人生には『奇跡のワイン』への思いが大きな部分を占めていることを知りました。

できるだけ早くまたワインが飲めるように、リハビリを頑張ります。

私が惚れ込み選んだフランス各地のワイン

イル・プルー・シュル・ラ・セーヌが輸入する
ワインの亜硫酸塩の濃度（1ℓあたり）

私が惚れ込み選んだフランス各地のワイン

サヴィニー・レ・ボーヌ プルミエ・クリュ レ・シャルニエル
SAVIGNY LES BEAUNE
1ER CRU
LES CHARNIÈRES

キャピタン・ガニュロ／赤

土壌は沖積層粒子の粗い石灰質。繊細なワインで花の香り（スミレ）、早くに熟成し、繊細で優雅な味わいです。

アロース・コルトン プルミエ・クリュ レ・ムトット
ALOXE CORTON
1ER CRU
LES MOUTOTTES

キャピタン・ガニュロ／赤

土壌はジュラ紀後期オックスフォーディアンの石灰質泥岩。しっかりとした、果肉感あふれるワインで多様な果実の味が優雅に感じられます。力強く芳醇で、5年程度熟成が進むとさらにゆったりと、魅惑的な味になります。

ラドワ
LADOIX

キャピタン・ガニュロ／赤

畑は丘の麓に位置し、カシスやざくろの香りはその赤褐色の土壌に由来します。タンニンの構成が良いため、口当たりは十分に柔らかいながらも時折男性的でコクのある風味です。細挽きソーセージ、うさぎ肉、淡水魚などに合います。

エシュゾー　グラン・クリュ
ECHEZEAUX
GRAND CRU

キャピタン・ガニュロ／赤

土壌はジュラ紀中期のバジョシアン、化石を含む白亜質土壌で黒赤色の粘土と溶岩の砂利も混ざっています。豊潤で調和のとれた際立ったワインで、黒果実と花の香りがします。逞しく、優雅な味わいです。

コルトン　レ・グラン・ロリエル　グラン・クリュ
CORTON
LES GRANDES LOLIÈRES
GRAND CRU

キャピタン・ガニュロ／赤

土壌はジュラ紀後期オックスフォーディアンの粘土質石灰岩。男性的でしっかりとした、がっちりとした味わい。長く熟成させると、黒果実の香りに富んだ、力強さと優雅さが調和された味になります。

ヴォーヌ・ロマネ　オー・ラヴィオル
VOSNE ROMANÉE
AUX RAVIOLLES

キャピタン・ガニュロ／赤

土壌はジュラ紀のごく初期、粒子の細かい石灰質泥灰土です。深いルビー色をして、黒イチゴ、ブルーベリーの香り。少し渋みのある、若いヴァン・デ・ギャルド（熟成しておいしくなるワイン）です。3～6年かけて味わいの頂点を迎えます。

クロ・ヴージョ　グラン・クリュ
CLOS VOUGEOT
GRAND CRU

キャピタン・ガニュロ／赤

土壌はクロ畑の上部に位置します。エシュゾーと同じ土壌ですが、さらに多くの鉄分を含みます。しっかりとした、力強いワインで、黒果実の香りがします。10年から15年の熟成を経て、タンニンの構成がよくなり、フルーツコンフィ、または甘草の香りがします。

ラドワ・ブラン　プルミエ・クリュ
レ・ゾート・ムーロット
LADOIX BLANC 1ER CRU
LES HAUTES MOUROTTES

キャピタン・ガニュロ／白

石灰岩100% の土壌にミネラルの香りが吹き込まれた、しっかりとした味わいで、白果実の後味です。酸味と甘みのバランスがいいワインです。

ブルゴーニュ
オート・コート・ド・ボーヌ
BOURGOGNE HAUTES
CÔTES DE BEAUNE

キャピタン・ガニュロ／白

泥灰土質の土壌で栽培され、金色に輝き、花やミネラルの香りを含み、優雅でシャルドネの特徴がよく表れています。エスカルゴ、牡蠣、ポークのとろ火煮、山羊のチーズなどによく合います。

コルトン・シャルルマーニュ
グラン・クリュ
CORTON CHARLEMAGNE
GRAND CRU

キャピタン・ガニュロ／白

土壌はジュラ紀中期バトニアンで石灰質泥灰土。白い花（アカシア、スイカズラ）と蜂蜜の香りの、調和のとれた燻した芳香がします。ブルゴーニュのなかで最上級に位置する至高の一品です。

ラドワ・ブラン　プルミエ・クリュ
レ・グレション・エ・フトリエル
LADOIX BLANC 1ER CRU
LES GRÉCHONS
ET FOUTRIÈRES

キャピタン・ガニュロ／白

石灰質泥灰土で、牡蠣の殻を多く含みます。優れた白ワインをつくるには傑出した土壌で、シャルドネに白い花々の香りと熱帯果実（レモン、マンゴー、パッションフルーツ）の風味を吹き込みます。

ムルソー　ジュヌヴリエール　プルミエ・クリュ
MEURSAULT GENEVRIÈRES PREMIER CRU

ギィ・ボカール／白

区画はムルソー村の南に位置し、畑は南東向き、土壌は石灰粘土質、心土（表土の下層の土壌）は泥灰土です。伝統的なオーク樽を使用。色調は艶のある黄色、白い花とアーモンド、軽い木の芳香もします。味わいは格別に華やかで、力強く、長続きします。魚料理と合います。

アロース・コルトン・ブラン　プルミエ・クリュ　ラ・クーティエール
ALOXE CORTON BLANC 1ER CRU LA COUTIÈRE

キャピタン・ガニュロ／白

品種はシャルドネ。アロース・コルトンはピノ・ノワールが多く植えられていますが、このシャルドネはこの区画を偏愛しているようです。さまざまな白果実の香りが大きくたゆたい、心を誘います。

ムルソー　ナルヴォー
MEURSAULT NARVAUX

ギィ・ボカール／白

区画はシャルム、ジュヌヴリエール等プルミエ・クリュの上に位置し、畑は南東に向き、肥沃な土壌で石灰粘土質です。伝統的なオーク樽を使用。色調は黄色で、甘草、ハッカ、わずかに燻したような木の香り。味わいはゆったりと、しっかりの2つの構成力があり、最後までしっかりと続きます。エビやカニ、白身の肉などと合います。

ムルソー　シャルム　プルミエ・クリュ
MEURSAULT CHARMES PREMIER CRU

ギィ・ボカール／白

区画はムルソー村の南に位置し、畑は南東に向き、土壌は石灰粘土質です。伝統的なオーク樽を使用。色調はボトリング数年後に金茶色になり、香りは強く、精緻です。調和がとれ、豊満でねっとりとしていながらも空気のように軽く、深く長い余韻が続きます。フォアグラや魚、鶏肉のクリーム煮などと合います。

クレマン・ブラン・ド・ブラン ブリュット
CRÉMANT BLANC DE BLANCS (BRUT)

リシャール／発泡ワイン（白）

ブルゴーニュのシャルドネとアリゴテ、この2つの品種の調和がとれたマリアージュ、これがこのクレマンに無類の高貴さをもたらします。配合の主たるシャルドネがこの特徴をよく表し、アリゴテはみずみずしさをつけ加え、味に清々しさを感じさせています。

ムルソー　レ・グラン・シャロン
MEURSAULT LES GRANDS CHARRONS

ギィ・ボカール／白

区画はシャルム、ジュヌヴリエール等プルミエ・クリュの端にあり、畑は南東向き、平坦な土壌で石灰粘土質です。伝統的なオーク樽を使用。色調は明るく澄んだ、少し緑がかった黄色。花の香りでフィニッシュは木がごく軽く焼けたような芳香、ゆったりと調和のとれた、優雅なすっきりと長持ちする味わいです。魚料理や白身の肉と合います。

クレマン・ロゼ　ブリュット
CRÉMANT ROSÉ (BRUT)

リシャール／発泡ワイン（ロゼ）

ブルゴーニュでもっとも評判の品種、ピノ・ノワールのみで作られるリシャール・ロゼは、その特色をすべて表しています。その繊細な色、独特の香りは短いマセラシオン（アルコール発酵中に色素、渋み、香りが出ること）にて得られます。うっとりとさせる果実の香り。口に含むとはつらつとして、あふれる活気。円熟と優雅さも兼ね備えています。デセールのお供に、とてもおいしい一品です。

クレマン・ブラン・トラディシオン　ブリュット
CRÉMANT BLANC TRADITION (BRUT)

リシャール／発泡ワイン（白）

ブルゴーニュ主要3種のぶどう品種により醸造されるこのクレマンはピノ・ノワールの穏やかさ、シャルドネのきめ細やかさ、そしてアリゴテのみずみずしい心地よさをもたらします。この奥ゆかしい果実の芳香がさらにこのクレマンをより魅惑的に仕立てあげます。アペリティフにおすすめです。

ピノ・グリ　グラン・クリュ ウィンゼンベル
PINOT GRIS GRAND CRU WINZENBERG

ジャン＝マリー&エルヴェ・ソレール／白

これは、本来ブドウ畑には向いていない花崗岩質が少ない土地と、ピノ・グリ種の豊かさとの調和によりできたワインです。時に繊細で優雅、飲んだ時に強い香りが持続します。

ピノ・ブラン
PINOT BLANC

ジャン＝マリー&エルヴェ・ソレール／白

優しくて繊細。酸味のある軽やかさとまろやかな口当たり。さまざまな料理との相性が良く、特にキッシュなどの前菜全般、アスパラなどが合います。食事の始めから終わりまで、どんな料理とも調和します。

ゲヴェルツトラミネール プフリンツ
GEWURZTRAMINER PFLINTZ

ジャン＝マリー&エルヴェ・ソレール／白

このテロワールは粘土石灰質で酸性度が高く、豊かな土壌です。この土地で育ったブドウは、こくがあり香りの強いワインをつくります。ライチやオールドローズ、スミレの香りがあります。さらにポテンシャルを引き出すために少しカーヴで寝かせることでよりおいしくなります。スパイスの効いた料理や香りの強いチーズ、シナモンのタルトやアップルパイなどのデザートとよく合うでしょう。

リースリング　グラン・クリュ ウィンゼンベル
RIESLING GRAND CRU WINZENBERG

ジャン＝マリー&エルヴェ・ソレール／白

このワインはあまり知られていませんが、とても優しい酸味と、ずばぬけた力強さがあります。なかでもマンゴーの香りが際立っています。

シャトー・ヴィユー・シェヴロール
CHATEAU VIEUX CHEVROL

シャトー・ヴィユー・シェヴロール／赤

1950年より3世代続く家族経営のシャトー。品種はメルロー80％、カベルネソーヴィニヨン、カベルネフランが10％ずつです。土壌は第四紀酸性質灰粘度、砂利も少し含みます。この土壌によって作り出される複雑なアロマを持つワインです。

シャトー・オー・ベルジュロン ソーテルヌ
CHATEAU HAUT-BERGERON SAUTERNES

シャトー・オー・ベルジュロン／白

1820年から続くソーテルヌ地方のワイナリーで作られている甘口のワインです。品種はセミヨン90％、ソーヴィニヨンブラン8％、ミュスカデル2％です。土壌は砂利状の粘土をよく含んでいます。チーズ、家禽、仔牛肉とともに、またはアペリティフとしてお楽しみください。イル・プルーでは「スリー」というケーキにも使用しています。

クレマン・ダルザス ブラン・ド・ブラン
CRÉMANT D'ALSACE BLANC DE BLANCS

ジャン＝マリー&エルヴェ・ソレール／発泡ワイン（白）

伝統的な手法でよく熟成・醸造されたピノ・ブランは、カーヴで長く寝かせることにより繊細な泡を表現することができます。酵母の澱についてビンのなかで長く熟成させることは、焼きたてのパンやヘーゼルナッツ、バターなどの香りを与えます。味わいは非常によく構成され、軽やかな酸味のある爽やかさが渇きを癒し、パーティーに欠かせない存在です。

クレマン・ダルザス ロゼ・ド・ノワール
CRÉMANT D'ALSACE ROSÉ DE NOIRS

ジャン＝マリー&エルヴェ・ソレール／発泡ワイン（ロゼ）

品種はピノ・ノワール。白のクレマンよりも少しきめが細かくまろやかで口当たりの良いワインです。

コンドリュー　クロ・ポンサン
CONDRIEU CLOS PONCINS

ヴィニョブル・シラー／白

ローヌ川の右岸コンドリューは白ワイン用ブドウ品種「ヴィオニエ」の香りに包まれています。複雑に絡み合いながらも洗練されているこのワインは、ドライフルーツ、アプリコット、蜂蜜の香りがします。口当たりは長く、強く、しっかりと続く濃厚な香りを楽しめます。

コンドリュー　レシェ
CONDRIEU LES CHAYS

ヴィニョブル・シラー／白

金色に輝き、うっすらと緑が透けてみえます。パッションフルーツ等の柑橘類の香りがします。口当たりは甘く、香りが複雑に絡み合い、長く続きます。淡水魚、和食、刺身、魚料理、サラダなどに合います。

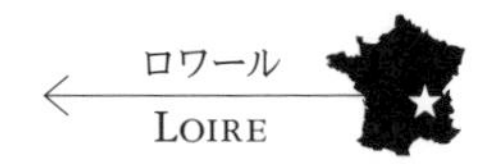

ミュスカデ・セーヴル・エ・メーヌル・パレ
MUSCADET SÈVRE ET MAINE LE PALLET

メナード・ガボリ／白

ロワール地区最大AOC「ミュスカデ・セーヴル・エ・メーヌ」のなかでも秀逸といわれる区画「ル・パレ」。とにかく、ふくよかに豊かに、口中に秘かな花の香りが広がり、心と体を包み柔らかな陶酔感に包まれます。梨やりんごなどの風味がこだまし、柑橘系やハーブを思わせる清涼感のある香りを持つ、フレッシュでとても爽やかなワインです。

サンセール・ブラン
SANCERRE BLANC

ヴィニョブル・アンジュ・シ／白

ロワール川の左岸に広がる「丘の上の町」として知られるサンセール地区。ドゥニ・リュッフェル氏がフュメ・ドゥ・ポワソン（魚料理の基礎となる出汁）に必ず使うワインがサンセールです。花の香りとともに、南国のフルーツ、ライチの香りが楽しめます。香りや味わいの余韻は長く続き、軽やかな春の息吹をも感じさせる、身も心も酔いしれるワインです。

コート・デュ・ジュラ ブラン・トラディション
COTES DU JURA BLANC TRADITION

シャトー・ダルレ／白

品種はシャルドネ種70%、サヴァニャン種30%。ヘーゼルナッツ、レーズン、茶の葉、スイカズラの香りなど絶妙なバランスを楽しむことができる優雅なワインです。召し上がる一時間前には抜栓をして、14～16℃でサーブしてください。開封後もある程度は持ちますが、シャルドネの風味は消えてゆき、サヴァニャンの香りが強くなっていきます。

ヴァン・ジョーヌ
VAN JAUNE

シャトー・ダルレ／白（黄ワイン）

色は金色に輝き、ヘーゼルナッツ、フルーツコンフィ、トリュフ、ジンジャー、モカなどさまざまな香りが折り重なります。味は非常に特徴的で、しかも味わえば味わうほど好きになり、一度知ると病みつきになってしまいます。香りは非常に力強く、口と鼻に長く残ります。少なくともサーブする4時間前には抜栓し、17度でお楽しみください。

ワインに関するお問い合わせ先とご注文方法

① 通信販売

イル・プルー・シュル・ラ・セーヌ
輸入販売部

ファックス、お電話、ワイン専用オンラインショップからご注文ください。

FAX　03-3476-3772

TEL　03-3476-5195

（営業時間9:00~18：00／土・日・祝休）

オンラインショップ
http://shop.ilpleut-wine.jp/

② 店頭販売

イル・プルー・シュル・ラ・セーヌ
エピスリー代官山店にて約6種類を販売。
※エピスリーは店頭受取のみ。配送をご希望の方は①の方法でご注文ください。

営業時間　10：30 ～ 17：00

毎週火曜、第2・第4水曜休
（祝日の場合、翌日休）

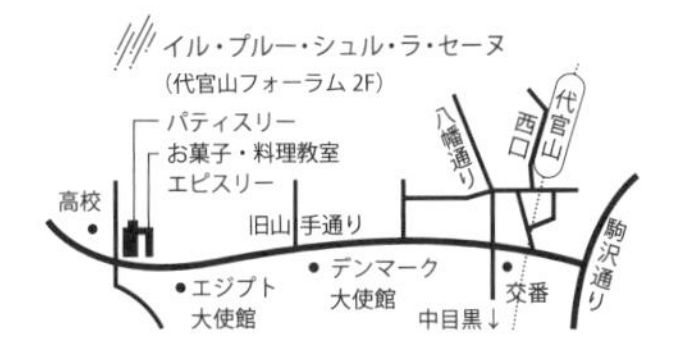

イル・プルー・シュル・ラ・セーヌが輸入するワインの亜硫酸塩の濃度（1ℓあたり）

●赤ワイン　○白ワイン　■発泡ワイン　□白ワイン（甘口）

❖ブルゴーニュ

キャピタン・ガニュロ／二酸化イオウのみ	亜硫酸塩量
●ラドワ	66mg
●ラドワ　プルミエ・クリュ　ラ・ミコード	31mg
●サヴィニー・レ・ボーヌ　プルミエ・クリュ　レ・シャルニエル	46mg
●アロース・コルトン　プルミエ・クリュ　レ・ムトット	38mg
●コルトン　レ・グラン・ロリエル　グラン・クリュ	36mg
●クロ・ヴージョ　グラン・クリュ	24mg
●エシュゾー　グラン・クリュ	23mg
●ヴォーヌ・ロマネ　オー・ラヴィオル	46mg
●コルトン　レ・マレショード　グラン・クリュ	23mg
●コルトン　レ・ルナルド　グラン・クリュ	30mg
○ブルゴーニュ　オート・コート・ド・ボーヌ	77mg
○ラドワ・ブラン　プルミエ・クリュ　レ・グレション・エ・フトリエル	73mg
○ラドワ・ブラン　プルミエ・クリュ　レ・ゾート・ムーロット	71mg
○コルトン・シャルルマーニュ　グラン・クリュ	85mg
○アロース・コルトン・ブラン　プルミエ・クリュ　ラ・クーティエール	81mg

ギィ・ボカール／二酸化イオウのみ	亜硫酸塩量
○ムルソー　シャルム　プルミエ・クリュ	92mg
○ムルソー　ジュヌヴリエール　プルミエ・クリュ	81mg
○ムルソー　ナルヴォー	141mg
○ムルソー　レ・グラン・シャロン	113mg

リシャール／亜硫酸塩	亜硫酸塩量
■クレマン・ブラン・トラディシオン　ブリュット	65mg
■クレマン・ブラン・ド・ブラン　ブリュット	65mg
■クレマン・ロゼ　ブリュット	70mg

❖ アルザス

ジャン＝マリー＆エルヴェ・ソレール／二酸化イオウのみ	亜硫酸塩量
○シルヴァネール・パラディ	62mg
○ピノ・ブラン	139mg
○リースリング　グラン・クリュ　ウィンゼンベル	107mg
○ピノ・グリ　グラン・クリュ　ウィンゼンベル	190mg
○ゲヴェルツトラミネール　プフリンツ	154mg
□ゲヴェルツトラミネール　ヴァンダンジュ・タルディヴ	137mg
□ミュスカ　ヴァンダンジュ・タルティヴ	207mg
■クレマン・ダルザス　ブラン・ド・ブラン	64mg
■クレマン・ダルザス　ロゼ・ド・ノワール	59mg

❖ ボルドー

シャトー・ヴィユー・シェヴロール／二酸化イオウのみ	亜硫酸塩量
●シャトー・ヴィユー・シェヴロール	87mg

シャトー・オー・ベルジュロン／二酸化イオウのみ	亜硫酸塩量
□シャトー・オー・ベルジュロン（ソーテルヌ）	339mg

❖ ロワール

メナード・ガボリ／亜硫酸塩	亜硫酸塩量
○ミュスカデ・セーヴル・エ・メーヌ　ル・パレ	149mg

ヴィニョブル・アンジュ・シ／二酸化イオウのみ	亜硫酸塩量
○サンセール・ブラン	89mg

❖ ローヌ

ヴィニョブル・シラー／二酸化イオウのみ	亜硫酸塩量
○コンドリュー　クロ・ポンサン	69mg
○コンドリュー　レシェ	107mg

❖ ジュラ

シャトー・ダルレ／亜硫酸塩	亜硫酸塩量
○コート・デュ・ジュラ　ブラン・トラディション	116mg
○ヴァン・ジョーヌ	20mg

イル・プルー・シュル・ラ・セーヌ企画の本

一般向け菓子・料理本

嘘と迷信のないフランス料理教室
ちょっと正しく頑張れば　こんなにおいしいフランスの家庭料理
〜ドゥニさんと築いた真の味わい〜
著者：椎名眞知子　本体価格 2,800 円＋税

嘘と迷信のないフランス菓子教室
一人で学べる　とびきりのおいしさのババロアズ
著者：弓田亨／椎名眞知子　本体価格 2,500 円＋税

嘘と迷信のないフランス菓子教室
一人で学べる　ザックサクッザクッ！ 押しよせるおいしさのパイ
著者：弓田亨／椎名眞知子　本体価格：2,500 円＋税

嘘と迷信のないフランス菓子教室
一人で学べる　イル・プルーのパウンドケーキ おいしさ変幻自在
著者：弓田亨／椎名眞知子　本体価格：2,500 円＋税

代官山『イル・プルー・シュル・ラ・セーヌ』が創る
新シフォンケーキ　心躍るおいしさ
〜人気講習会から選りすぐった 22 のレシピ〜
著者：弓田亨／深堀紀子　本体価格：2,500 円＋税

イル・プルーのはじめてみよう 1.2.3
一年中いつでもおいしい いろんな冷たいデザート
著者：椎名眞知子／深堀紀子　本体価格 1,800 円＋税

心と体の健康を考える「ごはんとおかずのルネサンス」シリーズ

新版・ごはんとおかずのルネサンス 基本編

〜誰もが忘れていた日本の真実の味わい〜

著者：弓田亨／椎名眞知子　本体価格 1,800 円＋税

ごはんとおかずのルネサンス 真実のおせち料理編

〜甘さにまみれた偽りのおいしさを斬る〜

著者：弓田亨／椎名眞知子　本体価格 2,800 円＋税

ごはんとおかずのルネサンス 四季の息吹・今昔おかず編

〜私の心の中の母が作らせた味わい〜

著者：弓田亨／椎名眞知子　本体価格 1,800 円＋税

ごはんとおかずのルネサンス 心嬉しい炊き込みご飯と味噌汁編

〜日本人の心と身体を作る米と味噌〜

著者：弓田亨／椎名眞知子　本体価格 1,800 円＋税

はじめてのルネサンスごはん

おいしいおっぱいと大人ごはんから取り分ける離乳食

著者：弓田亨／椎名眞知子　本体価格 1,600 円＋税

失われし食と日本人の尊厳

〜荒廃した日本の食と闘う鬼才パティシエが追い求めた「真実のおいしさ」〜

著者：弓田亨　本体価格 1,500 円＋税

ルネサンスごはんは放射能にもたやすく負けない

〜旨いごはんは日々の健康と内部被曝に強い身体をつくる〜

著者：弓田亨　本体価格 1,200 円＋税

著者紹介　　　　　　　　　　　　　　　　　　　　　弓田亨（ゆみたとおる）
1947年、福島県会津若松市生まれ。1970年、明治大学商学部卒業。熊本市で菓子作りの道に入る。1978年、フランス・パリ「パティスリー・ミエ」で研修。1979年、フランスでの研修内容に対し、フランス菓子協会より銀メダルと賞状授与。1986年、東京・元代々木町にフランス菓子店「ラ・パティスリー イル・プルー・シュル・ラ・セーヌ」を開店。1995年、現在の代官山に移転。同年、技術と素材の開拓に対し、フランス菓子協会より金メダルと賞状授与。

イル・プルー・シュル・ラ・セーヌHP　http://www.ilpleut.co.jp
「奇跡のワイン」HP　http://www.ilpleut-wine.jp

編集　穂積富士夫
綿田友恵（イル・プルー・シュル・ラ・セーヌ企画）
DTP・図・装丁　小林直子（umlaut）
写真　工藤ケイイチ（株式会社ブリッジ）
松藤裕（イル・プルー・シュル・ラ・セーヌ企画）

奇跡のワイン

世界のワイン史上初の発想
フランスのカーヴと同じ環境を「酸素無透過袋」に移入する

2018年3月7日　初版1刷発行

著　者　弓田亨
発行者　弓田亨
発行所　株式会社イル・プルー・シュル・ラ・セーヌ企画
〒150-0033　東京都渋谷区猿楽町17-16　代官山フォーラム2F

◎書籍に関するお問合わせは出版部まで
〒150-0021　東京都渋谷区恵比寿西1-16-8　彰和ビル2F
TEL:03-3476-5214　FAX:03-3476-3772

印刷・製本　大日本印刷

Printed in Japan ISBN978-4-901490-36-8